Fachwissen Logistik

Reihe herausgegeben von
K. Furmans
Karlsruhe, Deutschland

C. Kilger
Saarbrücken, Deutschland

H. Tempelmeier
Köln, Deutschland

M. ten Hompel
Dortmund, Deutschland

T. Schmidt
Dresden, Deutschland

T0225152

Weitere Bände in der Reihe http://www.springer.com/series/16010

Kai Furmans · Christoph Kilger
Hrsg.

Gestaltung der Struktur von Logistiksystemen

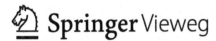

Hrsg.
Kai Furmans
Institut für Fördertechnik und Logistiksysteme
Karlsruher Institut für Technologie
Karlsruhe
Deutschland

Christoph Kilger
Ernst & Young GmbH
Wirtschaftsprüfungsgesellschaft
Saarbrücken
Deutschland

Fachwissen Logistik
ISBN 978-3-662-57944-2   ISBN 978-3-662-57945-9 (eBook)
https://doi.org/10.1007/978-3-662-57945-9

Die Deutsche Nationalbibliothek verzeichnet diese Publikation in der Deutschen Nationalbibliografie; detaillierte bibliografische Daten sind im Internet über http://dnb.d-nb.de abrufbar.

Springer Vieweg
© Springer-Verlag GmbH Deutschland, ein Teil von Springer Nature 2018

Springer Vieweg ist ein Imprint der eingetragenen Gesellschaft Springer-Verlag GmbH, DE und ist ein Teil von Springer Nature.
Die Anschrift der Gesellschaft ist: Heidelberger Platz 3, 14197 Berlin, Germany

Inhaltsverzeichnis

Gestaltung der Logistiktiefe

1

Dorit Schumann-Bölsche

1.1 Einleitung: Relevanz von Logistiktiefe und Logistikoutsourcing

Logistiktiefe ist ein Begriff, der mit Logistikoutsourcing, vertikaler Integration und Konzentration auf Kernkompetenzen in Verbindung steht. Während das Outsourcing logistischer Leistungen primär auf den Bereich der Fremdvergabe ausgerichtet ist, konzentriert sich die Logistiktiefe auf die Eigenerstellung logistischer Leistungen. Die beiden Begriffe stellen demnach gemeinsam die Gesamtheit der logistischen Leistungserstellung einer Organisation dar [Hau12; Koc06; Wil15]. Bei den Organisationen kann es sich z. B. um Industrieunternehmen, Handelsunternehmen, Dienstleister oder andere Organisationen handeln, die Entscheidungen über die Eigenerstellung und den Fremdbezug logistischer Leistungen treffen. Die individuellen Ausgestaltungen in der Praxis reichen von der kompletten Eigenerstellung logistischer Leistungen bis hin zu Unternehmen, die bestrebt sind, nahezu alle logistischen Leistungen an logistische Dienstleister zu vergeben [Har12; Koc06]. Dieser Beitrag beschäftigt sich mit der Fragestellung, wie sich Entscheidungen über Logistiktiefe und Logistikoutsourcing unter Einsatz geeigneter Entscheidungskriterien unterstützen lassen und wie die Koordination zwischen den beteiligten Akteuren erfolgt.

Die Bedeutung des Themas Logistiktiefe wird in dieser Einleitung durch zwei aktuelle Studien belegt. Zum einen durch die Studie „Die TOP 100 der Logistik", die in regelmäßigen Abständen eine Vermessung des Logistikmarktes in Deutschland und Europa vornimmt, und zum anderen durch die international ausgerichtete Studie „Third Party Logistics" [Kil14; Lan15].

D. Schumann-Bölsche (✉)
German Jordanian University, Building A, Office 202; P.O. Box 35247, 11180 Amman, Jordan
e-mail: Dorit.Schumann@gju.edu.jo

© Springer-Verlag GmbH Deutschland, ein Teil von Springer Nature 2018
K. Furmans, C. Kilger (Hrsg.), *Gestaltung der Struktur von Logistiksystemen*,
Fachwissen Logistik, https://doi.org/10.1007/978-3-662-57945-9_1

In den TOP 100 der Logistik mit Stand 2014/15 wird für das Jahr 2013 der gesamte deutsche Logistikmarkt auf 230 Milliarden Euro ausgewiesen. Der Outsourcing-Anteil beträgt 48 % (113 Mrd. Euro) und der Insourced-Anteil 52 % (117 Mrd. Euro). Die Logistiktiefe des gesamten deutschen Logistikmarktes beträgt folglich 52 %. Diese Quoten unterscheiden sich je nach Logistikleistung. Die Logistiktiefe ist am geringsten bei Transportleistungen (ca. 30 %) und am höchsten im Bereich des Bestandsmanagements (nahezu 100 %). Ebenso werden Unterschiede in weiter differenzierten Logistikteilmärkten und in den jeweiligen Branchen ausgewiesen [Kil14].

Auch die international ausgerichtete Studie Third Party Logistics, die im Jahr 2015 bereits in der 19. Auflage erschienen ist, gibt für Transportleistungen den höchsten Outsourcinganteil an. 80 % der befragten Unternehmen geben an, nationale Transporte fremd zu vergeben; bei den internationalen Transporten sind es 70 %. Die höchsten Logistiktiefen werden für den Kundenservice sowie für Aktivitäten im Bereich Nachhaltigkeit und Grüne Logistik ausgewiesen. Etwa ein Drittel der befragten Unternehmen gibt international an, von einer Fremdvergabe zum Insourcing zurückgekehrt zu sein und damit die Logistiktiefe erhöht zu haben, währen ca. zwei Drittel durch ein Outsourcing die Logistiktiefe verringert hat. Insgesamt wird die Logistiktiefe international mit 64 % ausgewiesen [Lan15].

Die Bedeutung des Themas Logistiktiefe und Logistikoutsourcing ist damit sowohl durch das Marktvolumen der Logistik als auch durch die jeweiligen Anteile für das Outsourcing und die Logistiktiefe beschrieben. In den folgenden Kapiteln erfolgt zunächst eine Begriffsabgrenzung; nachfolgend werden Entscheidungskriterien über die Wahl alternativer Kombinationen aus Logistiktiefe und Logistikoutsourcing vorgestellt. Kosten-, service-, integrations- und marktbezogene Kriterien werden der Erklärung und Gestaltung über die Logistiktiefe zugrunde gelegt. Beachtung findet am Ende dieses Beitrags die Koordination zwischen den Akteuren in der Logistikkette, die mit der Wahl der Logistiktiefe eng verbunden ist.

1.2   Begriffsabgrenzung: Logistiktiefe, vertikale Integration, Outsourcing

Die *Logistiktiefe* eines Unternehmens zeigt an, in welchem Maße ein Unternehmen logistische Transformationen selbst durchführt oder von anderen Unternehmen (Lieferanten, Kunden, Logistikdienstleister) durchführen lässt. Die Bestimmung einer Referenzgröße ermöglicht eine Messung der Logistiktiefe. Werden als Referenzgrößen alle Logistikleistungen definiert, die in sämtlichen Logistikketten eines Unternehmens erbracht werden, so geben Art und Quantität der logistischen Eigenleistungen Auskunft über die Logistiktiefe [Ise98]. Verwendet wird synonym zur Logistiktiefe auch Leistungstiefe in der Logistik [Wil15].

Eng verwandt mit dem Begriff der Logistiktiefe sind die Begriffe vertikale Integration, Outsourcing sowie Make-or-Buy. Zustandsorientiert wird der Grad der *vertikalen Integration* logistischer Leistungen synonym zum Begriff Logistiktiefe eingesetzt. Vorgangsorientiert charakterisieren die Begriffe vertikale Integration und Insourcing darüber hinaus eine Erhöhung der Logistiktiefe zwischen zwei Zeitpunkten. Im Rahmen einer Vorwärtsintegration werden nachgelagerte, bisher an andere Unternehmen übertragene logistische Transformationen selbst durchgeführt. Eine Rückwärtsintegration bezieht sich auf vorgelagerte logistische Transformationen [Ise98; Koc06; Mik98]. Im Begriff *Outsourcing* werden die Begriffe Outside, Resource und Using zusammengeführt. Logistikoutsourcing charakterisiert die Übertragung bisher im Unternehmen erbrachter logistischer Leistungen auf andere Unternehmen [Hau12; Mik98; Rei99].

Die Fremdvergabe logistischer Leistungen an Drittunternehmen, beispielsweise Lagerhalter, Frachtführer oder Spediteure, ist bereits im Handelsgesetzbuch vorgesehen, dessen Erstauflage im Jahr 1897 erschienen ist (zur Entwicklung und Abgrenzung siehe Schulte [Sch13]). Über Jahrzehnte hatten *Make-or-Buy*-Entscheidungen primär operativen Charakter. Auf Grund veränderter rechtlicher und technologischer Rahmenbedingungen auf Märkten für logistische Leistungen, insbesondere seit der Jahrtausendwende, sind zunehmend strategische Entscheidungen über die Eigenerstellung und den Fremdbezug logistischer Leistungen zu fällen: Unternehmen hinterfragen die aktuelle Ausprägung der Arbeitsteilung in Logistikketten. Der strategische Charakter der Make-or-Buy-Entscheidungen äußert sich in den Begriffen Logistiktiefe und Outsourcing bis hin zu Abgrenzungen der Third Party Logistics Provider, Systemdienstleister, Netzwerkintegratoren und Fourth Party Logistics, „the assembly, integration and operation of a comprehensive supply chain solution" ([Moo99], siehe auch [Kut07; Sch13]).

Die Logistiktiefe ist ein Ergebnis der strategischen Entscheidungen über das Make-or-Buy der logistischen Leistungsprozesse der Logistikkette(n) eines Unternehmens. Die Beantwortung der Frage, ob zu der gegebenen Logistiktiefe eines Unternehmens alternative Logistiktiefen mit einer höheren Gesamtattraktivität existieren, setzt voraus, dass die zur Bewertung der Gesamtattraktivität herangezogenen Entscheidungskriterien bekannt sind [Ise98; Mik98; Wil15].

1.3 Entscheidungskriterien zur Bewertung und Gestaltung der Logistiktiefe

Aus der Vielzahl der Entscheidungskriterien, die ein Unternehmen zur Bewertung der Logistiktiefe zugrunde legen kann, wird nachfolgend eine Auswahl wichtiger Entscheidungskriterien vorgestellt (eine Übersicht über weitere Entscheidungskriterien liefern beispielsweise Kammerloch [Kam14], Mikus [Mik98] und Wildemann [Wil15]).

Welche Bedeutung den einzelnen Kriterien im Rahmen des Entscheidungsprozesses beigemessen wird, hängt u. a. von der strategischen Ausrichtung des Unternehmens ab. Verfolgt das Unternehmen beispielsweise die Strategie der Kostenführerschaft, so stehen kostenbezogene Kriterien bei der Gestaltung der Logistiktiefe im Vordergrund. Demgegenüber erfordert eine Differenzierungsstrategie, dass sich das Unternehmen von den Wettbewerbern durch eine segmentspezifische Differenzierung des eigenen Logistikservice abhebt [Ise98; Sch13]. Einen Überblick über diese Entscheidungskriterien gibt Abb. 1.1.

1.3.1 Kostenbezogene Kriterien

Durch die Gestaltung der Logistiktiefe werden die Kosten der logistischen Leistungserstellung sowie ihre Aufteilung in Produktionskosten der eigenen logistischen Leistungserstellung und Beschaffungskosten der von Wertschöpfungspartnern bezogenen Logistikleistungen determiniert [Ise98; Wil15]. Im Rahmen einer Analyse der Kosten der logistischen Leistungserstellung in Abhängigkeit von der Logistiktiefe ist zu prüfen, ob und in welchem Umfang sich durch die Einbindung von Wertschöpfungspartnern in die Logistikkette langfristig Kosteneinsparungen erzielen lassen.

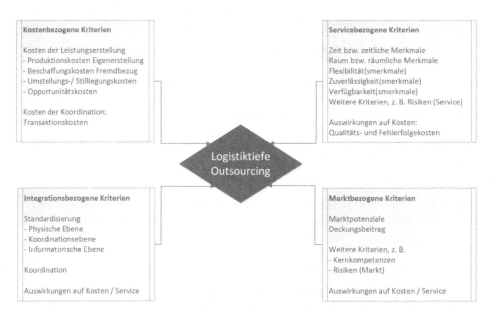

Abb. 1.1 Entscheidungskriterien zur Gestaltung der Logistiktiefe (eigene Darstellung)

Bei klassischen Make-or-Buy-Kostenvergleichen wird der strategische, kostenstruk-turverändernde Charakter von Fremdbezugsentscheidungen i. d. R. nicht berücksichtigt. „Too often companies look at outsourcing as just a means to lower short term direct costs. Through strategic outsourcing, however, companies can also lower their long-term capital commitments significantly" [Qui99]. Einige wichtige Aspekte eines Kostenvergleichs werden im Folgenden dargestellt.

Im Mittelpunkt der klassischen Make-or-Buy- Entscheidungen stand die Frage, ob eine bestimmte Logistikleistung zum Ausgleich kurzfristiger Beschäftigungs-schwankungen eigen erstellt oder fremd bezogen werden soll. „Als zentrales Entschei-dungskriterium hierfür gilt seit langem die Preisobergrenze", die den Wert angibt, den ein Unternehmen maximal für den Fremdbezug der Logistikleistung zu zahlen bereit ist. Bestimmt wird sie durch die Kosten der Eigenerstellung, die mit dem Preis des poten-ziellen Wertschöpfungspartners verglichen werden. Die Kosten der Eigenerstellung der logistischen Leistungen werden durch die Beschäftigungssituation und die Möglich-keit, die Kapazitäten an wechselnde Beschäftigungssituationen anzupassen, beeinflusst [Kam14; Rei99]. Im Einzelnen ist bei einer kostenorientierten Gestaltung der Logis-tiktiefe zu prüfen, in welchem Umfang sich durch die Fremdvergabe der logistischen Leistungserstellung Kosteneinsparungen erzielen lassen, beispielsweise [Bre10; Koc06, Mik98; Wil15]

- auf Grund von Branchenarbitrage (z. B. Lohnkostenunterschiede in den Branchen),
- durch eine Verlagerung von Auslastungsrisiken auf den Wertschöpfungspartner sowie
- durch eine Partizipation am Rationalisierungspotenzial des Wertschöpfungspartners in Form von Volumen-, Lern- und Spezialisierungseffekten.

Im Fall der Eigenerstellung wird in der Vorkombination die logistische Leistungsbe-reitschaft im Sinne einer sach- und formalzielgerechten Vorbereitung der zum Einsatz gelangenden internen Produktionsfaktoren aufgebaut. Interne Produktionsfaktoren sind Elementarfaktoren (Ge- und Verbrauchsfaktoren sowie objektbezogene menschliche Arbeitsleistung), Zusatzfaktoren, Informationen sowie der dispositive Faktor. Der disposi-tive Faktor gestaltet sowohl die Kapazität als generelles logistisches Leistungspotenzial als auch im Rahmen der Vorkombination die logistische Leistungsbereitschaft als situativ verfügbares Leistungspotenzial [Ise98].

Die quantitative und qualitative Dimensionierung des generellen und situativ verfüg-baren Leistungspotenzials determiniert die Kosten der logistischen Leistungserstellung. Die Kosten des generellen Leistungspotenzials sind insbesondere bei der strategischen Entscheidung über die Gestaltung der Logistiktiefe ein zentrales Kriterium. Die Beurtei-lung alternativer Logistiktiefen wird durch die Einsparungspotenziale, die bei einem Abbau des eigenen generellen Leistungspotenzials realisiert werden können, beeinflusst. Aus diesem Grund sollte der Kostenvergleich zwischen den alternativen Logistiktiefen berücksichtigen, welche Kosten des generellen Leistungspotenzials im Planungszeitraum bei Fremdbezug tatsächlich beeinflussbar sind und in welchem Umfang Kosten des generellen Leistungspotenzials trotz Fremdbezugsentscheidung weiterhin anfallen [Hau12; Kam14; Koc06; Rei99].

Der Abbau des generellen Leistungspotenzials kann zumeist nicht kontinuierlich an die Beschäftigung angepasst werden, da unterschiedliche Bindungsfristen (z. B. Kündigungsfristen) zu berücksichtigen sind. Ein Abbau des generellen Leistungspotenzials wird damit erst mit zeitlicher Verzögerung wirksam. Darüber hinaus sind im Zusammenhang mit dem Abbau des generellen Leistungspotenzials *Umstellungs- und Stilllegungskosten*, beispielsweise bei der Schließung eines Lagerstandortes, als kostenbezogenes Entscheidungskriterium bei der Gestaltung der Logistiktiefe zu berücksichtigen. Des Weiteren sind bei der Entscheidung über den Auf- bzw. Abbau des generellen logistischen Leistungspotenzials *Opportunitätskosten* – soweit diese antizipierbar sind – einzubeziehen [Bre10; Rei99].

In der einleitend erwähnten internationalen Studie „Third Party Logistics" wird mit Blick auf die Logistikkosten insgesamt ausgewiesen, dass durch Logistikoutsourcing die Logistikkosten insgesamt um 9 % reduziert werden konnten. Der Anteil der Logistikkosten an den gesamten Umsatzerlösen wird in der aktuellen Studie mit 7 % ausgewiesen [Lan15].

Bislang wurden hier ausschließlich die durch die Gestaltung der Logistiktiefe induzierten Produktions- und Beschaffungskosten analysiert. Darüber hinaus sind bei strategischen Make-or- Buy-Entscheidungen *Transaktionskosten* – die bei der Bestimmung, Übertragung und Durchsetzung von Eigentums- und Verfügungsrechten und -pflichten entstehenden Kosten [Com31] – entscheidungsrelevant, soweit diese zum Zeitpunkt der Entscheidung antizipierbar sind und noch keine „sunk costs" darstellen [Hau12].

Obwohl Williamson betont, dass der Transaktionskostenansatz als Erklärungs- und nicht als Gestaltungsansatz zu verstehen ist [Wil96], beziehen Arbeiten zu strategischen Make-or-Buy- Entscheidungen Transaktionskosten als Entscheidungskriterium ein [Hau12; Ise98]. Eine Ermittlung der mit der Koordination in alternativen Logistiktiefen verbundenen Transaktionskosten setzt voraus, dass (empirisches) Datenmaterial vorhanden ist, aus dem die Transaktionskostenverläufe in Abhängigkeit von den Transaktionskostendeterminanten (insbesondere Spezifität, Unsicherheit und Häufigkeit) ermittelt werden können.

Die Bedeutung der Logistiktiefe für die Koordination der logistischen Leistungserstellung wird in diesem Beitrag an späterer Stelle unter der Überschrift „Zusammenhänge zwischen Logistiktiefe und Koordination" nochmals aufgegriffen und analysiert. In diesem Zusammenhang erfolgt auch eine Analyse der Transaktionskosten bei hierarchischer Koordination (Eigenerstellung logistischer Leistungen) und marktlicher Koordination (Fremdbezug logistischer Leistungen). Im Folgenden werden zunächst weitere wichtige Entscheidungskriterien dargestellt, die bei der Gestaltung der Logistiktiefe zu berücksichtigen sind.

1.3.2 Servicebezogene Kriterien

Die servicebezogenen Kriterien spezifizieren Anforderungen an die Qualität der eigenerstellten bzw. fremdbezogenen Logistikleistung. Unter einer logistischen Qualitätsforderung wird die Angabe von Merkmalen und zulässigen Merkmalsausprägungen verstanden, die im Rahmen der logistischen Leistungserstellung zu realisieren sind [Hou01]. Zu den Merkmalen einer logistischen Qualitätsforderung gehören insbesondere [Bre10; Hau12; Ise98; Mik98; Wil15]

- *zeitliche Merkmale* (z. B. mit der Merkmalsausprägung „24-h-Service"),
- *räumliche Merkmale* (z. B. mit der Merkmalsausprägung „deutschland-, europa-, weltweite Anlieferung"),
- *Flexibilitätsmerkmale* im Sinne der Fähigkeit, auf veränderte Anforderungen an die Logistikleistung schnell zu reagieren (z. B. auf Mengen- und Zeitänderungen),
- *Zuverlässigkeitsmerkmale* hinsichtlich der Einhaltung vereinbarter Leistungsanforderungen (z. B. mit der Merkmalsausprägung „Einhaltung der Zeitvereinbarung mit einer Zuverlässigkeit von 99,5 %") sowie
- *Merkmale der physischen Verfügbarkeit* (z. B. Anlieferung mit einem geeigneten Anlieferfahrzeug im Hinblick auf vorhandene Entladekapazitäten).

Bei der Bewertung alternativer Logistiktiefen ist die Frage zu beantworten, ob das Sachziel der logistischen Leistungserstellung – die Sicherung der logistischen Qualitätsforderung – erfüllt wird. Im Zentrum strategischer Entscheidungen über die Gestaltung der Logistiktiefe steht die Prozessfähigkeit, die Houtman [Hou01] als „die Eignung geplanter, alternativer Logistikketten bezüglich der Einhaltung logistischer Qualitätsforderungen der Kunden" definiert. Die generierten prozessfähigen Logistikketten sind unter Formalzielen, beispielsweise unter Kostenzielen, zu bewerten.

Die Studie „Third Party Logistics" weist in der Fassung des Jahres 2015 einige internationale empirische Ergebnisse zur Veränderung des Logistikservice durch Outsourcing und die damit einhergehende Veränderung der Logistiktiefe aus. Hierzu zählt eine Erhöhung der Zuverlässigkeitsquote akkurat ausgeführter Aufträge in der Logistik von 61 % auf 66 % [Lan15], die zu wesentlichen Anteilen auf Entscheidungen über Eigenerstellung und Fremdbezug logistischer Leistungen zurückgeführt werden kann. An dieser Stelle ist der Hinweis wichtig, dass sich die Zuverlässigkeitsquoten unterhalb von 70 % auf einem für viele Marktteilnehmer nicht zumutbar geringen Niveau befinden.

Ein enger Zusammenhang zwischen kosten- und servicebezogenen Kriterien lässt sich am Beispiel von *Qualitätskosten* darstellen. „Logistische Qualitätskosten sind sämtliche störungsbedingten Zusatzkosten, die durch präventive Maßnahmen in der Logistikkette zur Erreichung der logistischen Qualitätsforderung entstehen, und/oder Zusatzkosten der nachträglichen Erfüllung verfehlter Qualitätsmerkmale, die ursächlich auf den Prozess der durchgeführten logistischen Leistungserstellung zurückzuführen sind" [Hou01]. In strategische Make-or-Buy-Entscheidungen sind insbesondere antizipierbare strategische *Fehlerfolgekosten* einzubeziehen. Strategische Fehlerfolgekosten sind das Resultat einer im Sinne der logistischen Qualitätsforderung inakzeptablen Leistungserstellung. Sie umfassen beispielsweise entgangene zukünftige Deckungsbeiträge als Folge einer unerfüllten logistischen Qualitätsforderung und dem damit verbundenen kundenseitigen Abbruch der Geschäftsbeziehung.

1.3.3   Integrationsbezogene Kriterien

In den vorangehenden Abschnitten wurden kosten- und servicebezogene Kriterien strategischer Make-or-Buy-Entscheidungen insbesondere im Hinblick auf die einzelnen elementaren logistischen Leistungsprozesse einer Logistikkette analysiert. Die integrationsbezogenen Kriterien setzen an der vertikalen Verkettung der Prozesse einer Logistikkette an. Bei der Gestaltung der Logistiktiefe ist zu berücksichtigen, dass die Bindungsintensität zwischen zwei aufeinanderfolgenden logistischen Prozessen unterschiedlich ausgeprägt sein kann. Eine hohe Bindungsintensität zwischen den logistischen Leistungsprozessen erschwert eine Kombination zwischen Eigenerstellung und Fremdbezug der miteinander verketteten Prozesse oder schließt sie sogar aus [Ise98]. So lässt sich die Entstehung der Fourth Party Logistics bzw. Netzwerkintegratoren mit einer auf Grund veränderter logistischer Qualitätsforderungen gestiegenen Bindungsintensität zwischen den Prozessen einer Logistikkette erklären, in der für viele Branchen und Marktteilnehmer Zeit eine wichtige Größe darstellt. Zeitverluste bei einer unternehmensübergreifenden logistischen Leistungserstellung können zunehmend nicht mehr akzeptiert werden [Hau12; Wil15].

Die Bindungsintensität zwischen Prozessen einer Logistikkette wird u. a. durch den Grad der *Standardisierung* determiniert. Standardisierung kann auf mehreren Ebenen die Bindungsintensität zwischen logistischen Prozessen beeinflussen [Bre10; Hau12; Ise98; Koc06]:

- *Physische Ebene*: z. B. Einsatz von standardisierten Behältern wie Euro-Palette, ISO-Container und anderen genormten Ladeeinheiten
- *Koordinationsebene*: z. B. standardisierte Vereinbarungen, Rahmenverträge, Gesetze, Incoterms (zur Koordinationsebene finden sich ausführliche Informationen im 4. Teil dieses Beitrags „Zusammenhänge zwischen Logistiktiefe und Koordination")
- *Informatorische Ebene*: z. B. Einsatz von informatorischen Standards wie Barcode, Radio Frequency Identification (RFID), Electronic Data Interchange (EDI)

Der Einsatz von Informations- und Kommunikationsstandards auf der informatorischen Ebene ist nicht gleichzusetzen mit dem Einsatz von Informations- und Kommunikationstechnologien. Während eine Standardisierung tendenziell zu einer Verringerung der Bindungsintensität führt, kann durch den Einsatz neuer Informations- und Kommunikationstechnologien die Bindungsintensität sowohl reduziert als auch erhöht werden.

Die internationale Studie zu „Third Party Logistics" weist im Jahr 2015 Informations-
und Kommunikationstechnologien aus, die aktuell aus Sicht der Logistikdienstleister und
deren Kunden zu den wichtigsten zählen. Unter anderem werden automatische Transport-
planung und -ausführung, Electronic Data Interchange, Webportale, Barcode und RFID,
Supply Chain Planung und Ausführung sowie Cloud-basierte Technologien benannt. Die
Studie erfasst existierende Lücken (IT-Gaps), und offenbart gravierende Unterschiede
zwischen den Kundenerwartungen an die IT-Kompetenz der Logistikdienstleister und
der tatsächlichen IT-Kompetenzen. Die Zufriedenheitsquoten der Kunden bzw. Verlader
liegen durchschnittlich bei 60 % [Lan15].

Die Bindungsintensität zwischen elementaren logistischen Leistungsprozessen determiniert im Fall einer Kombination aus Eigenerstellung und Fremdbezug sowohl *Service*
als auch *Kosten* der logistischen Leistungserstellung. Die in den vorangegangenen
Abschnitten analysierten Kosten- und Servicekriterien richten sich somit sowohl auf die
einzelnen elementaren logistischen Leistungsprozesse als auch auf die Verknüpfung der
Prozesse und damit auf die gesamte Logistikkette.

1.3.4 Marktbezogene Kriterien

Durch marktorientierte Kriterien wird die Wirkung alternativer Logistiktiefen auf die
erschließbaren *Marktpotenziale* erfasst. Bezogen auf die Absatzmärkte sind die durch
eine Veränderung der Logistiktiefe induzierten Veränderungen der *Deckungsbeiträge*
entscheidungsrelevant. Beispielsweise kann erst die Fremdvergabe einer bisher ausschließlich in Deutschland selbst erstellten Auslieferung der Fertigprodukte an einen
europa- oder weltweit agierenden Logistikdienstleister dazu führen, dass ein zusätzliches
Marktpotenzial in europäischen oder weltweiten Ländern geschaffen und erschlossen
wird [Ise98].

Darüber hinaus können sich durch eine Veränderung der Logistiktiefe genutzte Marktpotenziale auf den Beschaffungsmärkten in Form von Einsparungen bei den Beschaffungskosten verändern. Eine Veränderung der Logistiktiefe kann des Weiteren dazu führen,
dass bestehende Marktpotenziale aufgegeben werden. Zu berücksichtigen sind in diesem
Zusammenhang unter anderem die bereits dargestellten strategischen Fehlerfolgekosten
als Resultat einer im Sinne der logistischen Qualitätsforderung inakzeptablen Leistungserstellung. Eine Veränderung der Logistiktiefe sollte sich im Sinne der Marktorientierung
an den Kernkompetenzen des Unternehmens sowie der potenziellen Wettbewerber und
Wertschöpfungspartner orientieren [Hau12; Koc06; Mik98; Wil15]. „A powerful strategic starting point is to build a selected set of core intellectual competencies – important
to customers – in such depth that the company can stay on the leading edge of its fields,
provide unique value to customers, and be flexible to meet the changing demands of the
market and competition" [Qui99].

Im Rahmen der Gestaltung der Logistiktiefe wird empfohlen, diejenigen logistischen Leistungsprozesse, die *Kernkompetenzen* des Unternehmens darstellen, eigen

zu erstellen. Die Bestimmung der Kernkompetenzen sollte sich im Vergleich mit den Wettbewerbern am Erfüllungsgrad logistischer Qualitätsforderungen, an den Kosten der logistischen Leistungserstellung sowie am Marktpotenzial orientieren (eine ausführliche Charakterisierung von Kernkompetenzen erfolgt z. B. in Helm [Hel97] und Quinn [Qui98]; eine kritische Würdigung der Orientierung an Kernkompetenzen findet sich in Mikus [Mik98]).

In diesem Zusammenhang ist hervorzuheben, dass sich die Konzentration auf Kernkompetenzen nicht ausschließlich an den elementaren logistischen Leistungsprozessen orientieren darf. Vielmehr sollten integrationsbezogene Kriterien einbezogen werden, um die Wettbewerbsfähigkeit ganzer Logistikketten sicherstellen zu können. „Wettbewerbsvorteile lassen sich ebenfalls durch die vertikale Verknüpfung der Wertketten eines Wertsystems aufbauen" [Hel97].

1.4   Gestaltung der Koordination bei unterschiedlichen Logistiktiefen

1.4.1   Zusammenhänge zwischen Logistiktiefe und Koordination

Dieses Kapitel adressiert abschließend die hohe Bedeutung der integrationsbezogenen Entscheidungskriterien mit Blick auf die Koordinationsebene. Es besteht ein enger Zusammenhang zwischen der Gestaltung der Logistiktiefe und der Gestaltung der *Koordination* der logistischen Leistungserstellung. Koordination umfasst die zielgerichtete Abstimmung mehrerer Aktionen oder Entscheidungen verschiedener Akteure [Mal94].

Koordination erfolgt sowohl unternehmensintern als auch unternehmensübergreifend. Bei der Gestaltung der Logistiktiefe sind sowohl *Kosten* als auch *Anreizwirkungen* der unternehmensinternen und -übergreifenden Koordination zu berücksichtigen. Die Institutionenökonomik liefert mit ihren Ansätzen zu Transaktionskosten und Principal-Agent-Beziehungen einen wissenschaftlichen Rahmen, der für Entscheidungen über die Gestaltung der Logistiktiefe genutzt werden kann ([Bre10; Hau12; Les15; Ric10]; in den angegebenen Quellen finden sich auch kritische Anmerkungen zu den Einsatzpotenzialen und Grenzen der Institutionenökonomik). Dabei ist zu berücksichtigen, dass die institutionenökonomischen Ansätze nicht alleine die Gestaltung der Logistiktiefe bestimmen, sondern dass sie in Verbindung mit den anderen bereits vorgestellten Entscheidungskriterien stehen.

Im Mittelpunkt der institutionenökonomischen Analyse steht nicht der physische oder logistische Leistungsaustausch selbst, sondern die ihn betreffenden Handlungs- und Verfügungsrechte und -pflichten (Property Rights). Mit *Transaktionen* werden diese Property Rights bestimmt, übertragen und durchgesetzt [Com31]; Transaktionen bilden die *Untersuchungseinheit* der Institutionenökonomik. Der *Analysegegenstand* der institutionenökonomischen Ansätze ist die Erklärung bzw. Gestaltung von Institutionen und Koordinationsformen – und damit unter anderem die Gestaltung der Logistiktiefe.

Für die Institutionenökonomik gelten die folgenden *Annahmen* über die (an der logistischen Leistungserstellung) beteiligten Akteure: Sie

- sind bestrebt, ihren Nutzen (z. B. ihren Gewinn) zu maximieren,
- handeln begrenzt rational,
- handeln (möglicherweise) opportunistisch und
- reagieren auf Anreize [Com31; Les15; Ric10].

Diese gemeinsamen Annahmen, Untersuchungseinheiten und Analysegegenstände gelten demnach auch für den Transaktionskostenansatz und die Principal-Agent-Theorie. Der Transaktionskostenansatz konzentriert sich primär auf die Koordination bzw. Transaktionen hervorgerufenen Kosten und die Principal-Agent-Theorie mit den Anreizwirkungen. Die institutionenökonomischen Ansätze werden insbesondere aufgrund ihrer Annahmen auch kritisch diskutiert.

1.4.2 Transaktionskosten als Erklärungsansatz für alternative Logistiktiefen

Transaktionskosten sind die mit der Bestimmung, Übertragung und Durchsetzung von Eigentums- und Verfügungsrechten und -pflichten entstehenden Kosten und lassen sich in die folgenden Transaktionskostenarten unterteilen: Such-, Anbahnungs-, Verhandlungs-, Entscheidungs-, Vereinbarungs-, Kontroll-, Anpassungs- sowie Beendigungskosten [Ric10; Wil96]. Bei der Gestaltung der Logistiktiefe entstehen diese Kosten unter anderem bei der Suche nach einem möglichen Logistikdienstleister im Falle eines Outsourcing und der damit verbundenen Ausschreibung von Logistikleistungen sowie durch die daraus folgenden Kosten der Koordination. Bei einer Wahl der Eigenerstellung der logistischen Leistungen entstehen Transaktionskosten beispielsweise bei der Einstellung von Mitarbeitern im Bereich der Logistik sowie im Rahmen der Führung dieser Mitarbeiter.

Bei den untersuchten *Koordinationsformen* des Transaktionskostenansatzes handelt es sich um marktliche, hierarchische und hybride Koordinationsformen, die sich mit besonderem Blick auf Fragen der Logistiktiefe wie folgt verstehen lassen [Hau12; Ise98; Ric10; Wil96]:

- *Marktliche Koordination*: Fremdbezug (Outsourcing 100 %, Logistiktiefe 0 %): Die Koordination erfolgt primär über das Koordinationsinstrument „Preis". Der Fremdanbieter logistischer Leistungen benennt dem Auftraggeber den Preis, zu dem die vereinbarte Leistung erstellt wird.
- *Hybride Koordination*: Mischform aus Eigenerstellung und Fremdbezug und ggf. andere Formen der Kooperation: Das Koordinationsinstrument ist in diesem Fall insbesondere die ex-ante-Abstimmung über vertragliche Vereinbarungen. Innerhalb der hybriden Koordination gibt es zahlreiche unterschiedliche Ausprägungen der Koordination.

- *Hierarchische Koordination*: Eigenerstellung (Outsourcing 0 %, Logistiktiefe 100 %):
  Die Koordination erfolgt in dieser Koordinationsform vorwiegend durch Anweisungen,
  die innerhalb eines Unternehmens z. B. von einem Abteilungsleiter der Logistikabteilung an Mitarbeiter der Abteilung gegeben werden.

In seinem „Organizational Failures Framework" erklärt Williamson [Wil75] die Entstehung von Transaktionskosten durch das gemeinsame Auftreten von

- Verhaltensannahmen (insbesondere Opportunismus und begrenzte Rationalität),
- Umweltfaktoren in der Transaktionsatmosphäre (z. B. rechtliche und technologische
  Rahmenbedingungen) und
- aufgabenspezifischen Determinanten (Spezifität, Unsicherheit und Häufigkeit).

Die Wahl der Koordinationsform – und damit auch die Gestaltung der Logistiktiefe – hat
keine Auswirkungen auf die Annahmen über die Individuen und die Umweltbedingun-
gen. Von höchster Bedeutung aus Williamsons Framework sind die aufgabenspezifischen
Determinanten, denn für alternative Koordinationsformen und Logistiktiefen lassen sich
in Abhängigkeit von der Spezifität, Unsicherheit und Häufigkeit der Transaktionen unterschiedliche Transaktionskosten erklären [Ise98; Ric10; Wil75].

In diesem Beitrag werden die Zusammenhänge zwischen Logistiktiefe und Transaktionskosten exemplarisch für die Determinante *Spezifität* dargestellt. Spezifische Kosten
sind irreversible Investitionen bzw. irreversible Kosten der Aufgabenstellung; bei der
Gestaltung der Logistiktiefe bezieht sich die Aufgabenstellung auf die Logistikleistung.
So handelt es sich beispielsweise bei Investitionen in einen Gefahrgut-LKW mit besonderer individueller Gestaltung und besonderen Gefahrgutanforderungen eines Chemie-
unternehmens um Investitionen mit hohem Spezifitätsniveau. Nach der Beendigung eines
Vertrages über das Logistikoutsourcing wären die Investitionen in den LKW irreversibel,
denn sie lassen sich für andere Aufragnehmer kaum oder gar nicht einsetzen. Investitionen
in Fahrzeuge, die sich für eine größere Gruppe Auftragnehmer einsetzen lassen, sind im
Gegensatz dazu weniger spezifisch. Vergleichbar lässt sich Spezifität für Lagergebäude
beschreiben: Je näher Lager an Ballungszentren liegen, verkehrsgünstig angebunden sind
und je weniger speziell diese auf die individuellen Anforderungen der Kunden eingerichtet
sind, desto geringer ist die Spezifität dieser Investitionen in das Lager. Die Ausbildung
in das Humankapital, also in das Logistikpersonal kann ebenso unterschiedliche Spezifi-
tätsausprägungen annehmen, und mit Blick auf die Informationstechnologie sinkt tendenziell die Spezifität mit dem Einsatz von IT-Standards (die unterschiedlichen Spezifitäts-
arten werden in einer allgemeinen Form unter anderem durch Williamson [Wil75; Wil96]
beschrieben).

Je nach Wahl der Koordinationsform und je nach Gestaltung der Logistiktiefe nehmen
die Transaktionskostenverläufe in Abhängigkeit von der Spezifität einen unterschiedlichen Verlauf an. Diese Verläufe sind in Abb. 1.2 für den Markt (Fremdbezug), die Hierarchie (Eigenerstellung) und eine exemplarische hybride Koordinationsform dargestellt. Je

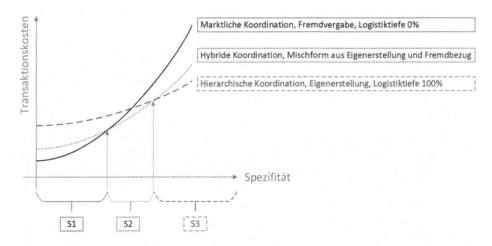

Abb. 1.2 Transaktionskostenverläufe bei alternativen Logistiktiefen – Spezifität. (In Anlehnung an [Ise98])

höher die Logistiktiefe und demnach der Grad der Eigenstellung der logistische Leistungen ist, desto geringer sind die Steigungen der Transaktionskostenkurven. Die marktliche Koordinationsform des vollständigen Logistikoutsourcing weist die höchste Steigung der Transaktionskosten in Abhängigkeit von der Spezifität auf. Dies lässt sich dadurch erklären, dass die Abhängigkeit zwischen Auftraggeber und Logistikdienstleister mit einem höheren Spezifitätsniveau – im Vergleich zu den anderen Koordinationsformen – besonders stark ausgeprägt ist. Es entstehen opportunistische Spielräume, z. B. dass der Logistikdienstleister den Auftraggeber in seiner Abhängigkeit nach Vertragsabschluss mit einem deutlichen Preisanstieg unter Druck setzt. Diese beidseitigen Spielräume möglichen opportunistischen Verhaltens gilt es vertraglich einzugrenzen, was wiederum hohe Transaktionskosten in der Bestimmungs-, Übertragungs- und Durchsetzungsphase der Koordination mit einem überproportionalen Anstieg hervorruft. Im Vergleich dazu ist der Anstieg unternehmensintern in der Hierarchie geringer ausgeprägt, denn die Transaktionskosten des Koordinationsinstrumentes der Anweisung steigen mit der Spezifität der logistischen Leistungserstellung in deutlich geringerem Umfang an. Der Ausgangspunkt der Transaktionskostenverläufe lässt sich ergänzend durch den Grad der Unsicherheit erklären. Auf die Unsicherheit wird aber an dieser Stelle ebenso wie auf die Häufigkeit mit ihrer transaktionskostenverringernden Wirkung nicht näher eingegangen [Hau12; Ise98; Les15; Kam14; Wil75; Wil96].

Würde die Gestaltung der Logistiktiefe ausschließlich auf der Grundlage der Transaktionskosten erfolgen, so gibt der Transaktionskostenansatz die folgende Erklärung bzw. Entscheidungshilfe: Für Logistikdienstleistungen mit einem Spezifitätsniveau S1 wäre der Fremdbezug der logistischen Leistungen bzw. eine Logistiktiefe in Höhe von 0 % kostenminimal, für S2 hybride Koordinationsformen mit einer Mischung aus Eigenerstellung und Fremdbezug und für S3 bis zu einem beliebig hohen Spezifitätsgrad eine Logistiktiefe von 100 % [Hau12; Ise98].

Der Transaktionskostenansatz weist aber auch deutliche *Grenzen* auf: Es fehlt an Möglichkeiten zur Quantifizierung der Transaktionskosten, so dass die Verläufe als Tendenzaussagen zu verstehen sind. Zudem stellen die Transaktionskosten mit Blick auf die Vielzahl der zu beachtenden Entscheidungskriterien nur ein Kriterium unter vielen anderen dar. Bei Kostenvergleichsrechnungen sind über die Transaktionskosten hinaus die Kosten der logistischen Leistungserstellung zu berücksichtigen. Hinzu kommen die anderen Entscheidungskriterien, die in diesem Beitrag bereits vorgestellt worden sind. Weitere kritische Würdigungen befassen sich mit den Annahmen der Nutzenmaximierung und der opportunistisch handelnden Akteure, die auf das wirtschaftswissenschaftlich geprägte Bild des Homo Oeconomicus zurückzuführen sind [Hau12; Ise98; Ric10]. Trotz der kritischen Anmerkungen widmet sich dieser Beitrag den institutionenökonomischen Ansätzen, denn die Erklärungs- und Gestaltungsansätze sind für die unternehmensübergreifende Koordination der logistischen Leistungserstellung ebenso relevant wie andere Entscheidungskriterien und Bewertungsansätze zur Logistiktiefe.

1.4.3 Principal-Agent-Theorie als Gestaltungsansatz für alternative Logistiktiefen

Eine weitere institutionenökonomische Theorie – die Principal-Agent-Theorie – eignet sich in besonderem Maße, um alternative Logistiktiefen zu bewerten und auf Basis dieser Bewertung Handlungsempfehlungen zu generieren. Mit alternativen Logistiktiefen sind unterschiedliche Koordinationsformen zwischen den an der logistischen Leistungserstellung beteiligten Akteuren verbunden. Die Principal-Agent-Theorie widmet sich der sach- und formalzielgerechten Gestaltung der Koordination zwischen den Akteuren einer Logistikkette. In einer Logistikkette bestehen zwischen den unterschiedlichen Akteuren Kunden-Lieferanten-Beziehungen und/oder Auftraggeber-Auftragnehmer-Beziehungen, die als *Principal-Agent-Beziehungen* charakterisiert werden können:

> We will say that an agency relationship has arisen between two or more parties, when one, designated as the agent, acts for, on behalf of, or as a representative for the other, designated the principal, in a particular domain of decision problems [Ros73].

Ein und derselbe Akteur kann im einen Fall Agent und im anderen Prinzipal sein: Ein Spediteur erstellt beispielsweise im Auftrag eines Industrie- oder Handelsunternehmens als Agent logistische Leistungen, während er als Prinzipal ein Fuhrunternehmen mit der Erstellung von Transportleistungen beauftragen kann. Ein Prinzipal wird Aufgaben dann an einen Agenten delegieren, wenn er davon ausgeht, dass der Agent über einen höheren Informationsstand verfügt, die relevanten Informationen kostengünstiger beschaffen kann, eine bessere Qualifikation und/oder geeignetere Ressourcen zur Erstellung logistischer Leistungen besitzt.

In Principal-Agent-Beziehungen hat ein Prinzipal die Möglichkeit, die Informationen bzw. Qualifikationen und damit Kernkompetenzen des Agenten zu nutzen, ohne sie selbst zu besitzen. Dies impliziert, dass das Verhalten und die Entscheidung des Agenten im Hinblick auf die logistische Leistungserstellung nicht nur das Nutzenniveau des Agenten, beispielsweise des Logistikdienstleisters, sondern auch das des Prinzipals, beispielsweise des Industrieunternehmens, beeinflusst. Principal-Agent-Probleme in einer Logistikkette sind auf Informationsasymmetrie und opportunistisches Verhalten des Agenten bei unterschiedlichen Zielen der Akteure zurückzuführen [Ros73]. Aus diesem Grund geht es bei der Gestaltung der Logistiktiefe nicht nur um die Entscheidung über Eigenerstellung und Fremdbezug logistischer Leistungen. Vielmehr werden auch durch die Gestaltung der Koordinationsbeziehungen zwischen den Akteuren sowohl Kosten und Service als auch das erschließbare Marktpotenzial beeinflusst.

Im Folgenden werden einige Maßnahmen erläutert, die Principal-Agent-Probleme in Logistikketten reduzieren können. Dabei wird zwischen den Principal-Agent-Problemen „Adverse Selection" sowie „Moral Hazard" unterschieden (auf das Problem des „Hold up" wird im Folgenden nicht eingegangen). Einen Überblick über die Principal-Agent-Probleme mit den zugehörigen Formen der Informationsasymmetrien und Maßnahmen zur Verringerung der negativen Auswirkungen der Probleme zwischen Prinzipalen und Agenten gibt Abb. 1.3.

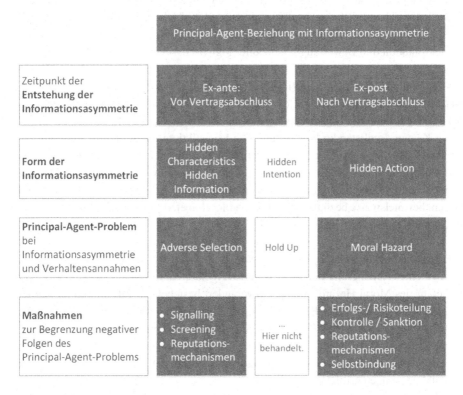

Abb. 1.3 Informationsasymmetrien und Principal-Agent-Probleme. (In Anlehnung an [Böl01])

Das Problem der *Adverse Selection* (im Deutschen auch als adverse Selektion bezeichnet) adressiert die Gefahr, auf Grund mangelnder Informationen (Hidden Information), ungeeignete Wertschöpfungspartner mit der logistischen Leistungserstellung zu beauftragen [Ric10]. Dieses vorvertragliche Principal-Agent-Problem kann beispielsweise durch die Maßnahmen Signalling und Screening verringert werden:

- Führt die Gefahr der Adverse Selection zu einer Situation, in der der potenzielle Agent befürchten muss, dass der Prinzipal die logistische Leistungsbeziehung nicht oder nur zu schlechten Konditionen eingehen wird, so wird der Agent durch *Signalling* tätig [Spe73]. Er sendet dem Prinzipal Informationen (beispielsweise über das ihm zur Verfügung stehende generelle und situative Leistungspotenzial), durch die die Informationsasymmetrie verringert wird. Der Agent erhofft sich, dass die Principal-Agent-Beziehung in der Folge vom Prinzipal eingegangen wird, und/oder dass der Prinzipal ihm auf Grund der verminderten Gefahr der Adverse Selection attraktivere Anreize bietet.
- Im Gegensatz zum Signalling geht die Initiative zum *Screening* nicht vom Agenten aus, sondern vom Prinzipal, der dadurch der Gefahr der Adverse Selection zu begegnen versucht [Sal76]. Bezüglich der potenziellen unternehmensinternen oder unternehmensexternen logistischen Akteure informiert sich der Prinzipal insbesondere über die Kosten der logistischen Leistungserstellung und über die Möglichkeiten des Agenten, logistische Qualitätsforderungen zu erfüllen sowie neue Marktpotenziale zu erschließen (zur Identifikation und Bewertung potenzieller logistischer Akteure vgl. z. B. [Hel97]).

Das Problem des *Moral Hazard* (im Deutschen auch als moralisches Risiko bezeichnet) entsteht, nachdem ein Akteur mit der logistischen Leistungserstellung beauftragt wurde. Der Prinzipal kann die logistische Leistungserstellung nicht – bzw. nur zu unvertretbar hohen Kosten – vollständig beobachten. Die Logistiktiefe ist zu diesem Zeitpunkt zwar bereits gestaltet worden; es gilt aber bereits bei der strategischen Entscheidung über die Eigenerstellung bzw. den Fremdbezug logistischer Leistungen mögliche Probleme des Moral Hazard zu antizipieren und durch implizite und/oder explizite Leistungsvereinbarungen, beispielsweise bezüglich Erfolgs- und Risikobeteiligung sowie Kontrollen in Verbindung mit Sanktionen, zu reduzieren [Ric10]:

- Durch eine vertragliche *Erfolgsbeteiligung* bzw. *Risikobeteiligung* des Agenten kommt es zu einer Annäherung der Interessen des Agenten an die des Prinzipals, so dass die Gefahr des Moral Hazard trotz der unverändert bestehenden Informationsasymmetrie sinkt. Eine Erfolgs- bzw. Risikoteilung kann sich dabei an unterschiedlichen Beurteilungskriterien orientieren. Objektive Beurteilungskriterien sind beispielsweise Gewinn- und Umsatzgrößen, während eine subjektive Beurteilung eines Logistikdienstleisters beispielsweise durch Kundenbefragungen hinsichtlich der Erfüllung logistischer Qualitätsforderungen erfolgt.

- Eine weitere Maßnahme des Prinzipals besteht darin, den Logistikdienstleister durch Stichproben zu *kontrollieren* und im Fall von vertragswidrigem Verhalten des Agenten *Sanktionen* vorzusehen.

Reputationsmechanismen werden sowohl zur Reduzierung des Problems „Adverse Selection" als auch zur Verringerung des „Moral-Hazard" eingesetzt [Mil92]. Reputation verschafft sich ein Anbieter logistischer Leistungen durch sein bisheriges Verhalten und seine bisherige logistische Leistungserstellung. Der Prinzipal hat die Möglichkeit, mittels der bestehenden Reputation zusammen mit seinen Erwartungen über das Erfolgspotenzial des Agenten die Glaubwürdigkeit des Agenten zu beurteilen.

Die genannten Maßnahmen führen bei Eigenerstellung und Fremdbezug logistischer Leistungen zu unterschiedlichen Kosten und Anreizen. So ist eine unternehmensinterne Kontrolle in Verbindung mit Sanktionen tendenziell mit geringeren Kosten verbunden als die Kontrolle eines externen Logistikdienstleisters: Während Vertragsverletzungen unternehmensintern i. d. R. durch Anordnungen beseitigt werden können, müssen Vertragsverletzungen externer Logistikdienstleister häufig vor Gericht entschieden werden. Reputationsmechanismen entfalten ihre Anreizwirkung insbesondere bei unternehmensübergreifender Zusammenarbeit. Die zukünftige Auftragslage des Logistikdienstleisters wird durch seine Reputation beeinflusst. Des Weiteren besitzen externe Logistikdienstleister im Gegensatz zu unternehmensinternen logistischen Akteuren das Eigentum an den materiellen und immateriellen Vermögensgegenständen, die sie zur Erstellung der logistischen Leistungen benötigen. Im Fall einer zukünftigen Geschäftsaufgabe steigt der Veräußerungswert eines Unternehmens tendenziell mit der Reputation.

Damit wurde dargestellt, dass sich Anreizmechanismen und Kosten der Koordination im Fall der Eigenerstellung und des Fremdbezugs logistischer Leistungen unterscheiden. Aus diesem Grund ist bereits bei der Beurteilung alternativer Logistiktiefen für jede Alternative die Koordination zwischen Akteuren einer Logistikkette im Hinblick auf die Sach- und Formalziele zu analysieren.

Literatur

[Bre10] Bretzke, W.-R.: Logistische Netzwerke. 2. Aufl. Springer, Berlin und Heidelberg (2010)
[Böl01] Bölsche, Dorit: Koordination im Briefpostmarkt. Deutscher Universitätsverlag, Wiesbaden (2001)
[Com31] Commons, J.R.: Institutional economics. Amer. Econ. Rev. 21 (1931) 4, 648-657
[Har12] Hartel, D.H.: Fallstudien in der Logistik – Praxisbeispiele aus Logistikdienstleistung, Industrie und Handel. DVV Media Group, Hamburg (2012)
[Hau12] Hauptmann, S.: Gestaltung des Outsourcings von Logistikleistungen: Empfehlungen zur Zusammenarbeit zwischen verladenden Unternehmen und Logistikdienstleistern. Deutscher Universitätsverlag, Wiesbaden (2012)
[Hel97] Helm, R.: Neue Wettbewerbsvorteile durch Outsourcing. IoManagement (1997) 9, 36–41

[Hou01] Houtman, J.: Regelungsbasiertes Qualitätsmanagement. Z. f. Betriebswirtsch. 71. Jg. (2001), 8, 915–929

[Ise98] Isermann, H., Lieske D.: Gestaltung der Logistiktiefe unter Berücksichtigung transaktionskostentheoretischer Gesichtspunkte. In: Isermann, H. (Hrsg.): Logistik: Gestaltung von Logistiksystemen. 2. Aufl. Moderne Industrie, Landsberg (1998)

[Kam14] Kammerloch, N.: Strategisches Outsourcing von Logistikdienstleistungen. Igel Verlag RWS, Hamburg (2014)

[Kil14] Kille, C., Schwemmer, M.: Die TOP 100 der Logistik 2014/15 – Marktgrößen, Marktsegmente und Marktführer. DVV Media Group, Hamburg (2014)

[Koc06] Koch, W. J.: Zur Wertschöpfungstiefe von Unternehmen: Die strategische Logik der Integration. Deutscher Universitätsverlag, Wiesbaden (2006)

[Kut07] Kutlu, S.: Fourth Party Logistics – The Future of Supply Chain Outsourcing? Best Global Publishing, Brentwood Essex U.K. (2007)

[Lan15] Langley, J. et. al.: 2015 Third-Party Logistics Study – The State of Logistics Outsourcing, Results and Findings of the 19th Annual Study. Cap Gemini et. al. (2015)

[Les15] Leschke, M.: Ökonomik der Entwicklung: Eine Einführung aus institutionenökonomischer Sicht. 2. Aufl. NMP Verlag, Bayreuth (2015)

[Mal94] Malone, T.W., Crowston, K.: The interdisciplinary study of coordination. ACM Computing Surveys 26 (1994) 1, 87–119

[Mik98] Mikus, B.: Make-or-buy-Entscheidungen in der Produktion. Deutscher Universitätsverlag, Wiesbaden (1998)

[Mil92] Milgrom, P.R., Roberts, J.: Economics, organization, and management. Prentice Hall, Engelwood Cliffs, N.J. USA (1992)

[Moo99] Moore, J.W.: Fourth party logistics – A new supply chain model emerges. In: Council of Logistics Management (Hrsg.): Annual Conference Proc. Toronto (Canada), Oct. (1999)

[Qui99] Quinn, J.B.: Core competency with outsourcing strategies in innovative companies. In: Hahn, D.; Kaufmann, L. (Hrsg.): Handbuch Industrielles Beschaffungsmanagement. Gabler, Wiesbaden (1999)

[Rei99] Reichmann, T., Palloks, M.: Make-or-buy- Kalkulationen im modernen Beschaffungsmanagement. In: Hahn, D.; Kaufmann, L. (Hrsg.): Handbuch Industrielles Beschaffungsmanagement. Gabler, Wiesbaden (1999)

[Ric10] Richter, R., Furubotn, E.G.: Neue Institutionenökonomik – Eine Einführung und kritische Würdigung. 4. Aufl. Mohr Siebeck, Tübingen (2010)

[Ros73] Ross, S.A.: The economic theory of agency. Amer. Econ. Rev. 63 (1973), 134–139

[Sal76] Salop, J.; Salop S.C.: Self-selection and turn-over in the labor market. Quart. J. of Econ. 90 (1976), 619–628

[Sch13] Schulte, C.: Logistik – Wege zur Optimierung der Supply Chain, 6. Aufl. Vahlen, München (2013).

[Spe73] Spence, M.: Market signalling. Quart. J. of Econ. 87 (1973), 355–374

[Wil15] Wildemann, H.: Fremdbezug von Logistikleistungen - Leitfaden zum effizienten Fremdbezug von logistischen Leistungen und zur effizienten Integration von Logistikdienstleistern. TCW Verlag, München (2015)

[Wil75] Williamson, O.E.: Markets and Hierarchies – Analysis and Antitrust Implications. Free Press, New York (1975)

[Wil96] Williamson, O.E.: Economics and organization. Calif. Management Rev. 38 (1996) 2, 131–146

Produktions- und Distributionsnetzplanung

2

Eric Sucky

Ulrich definiert Management als die Gestaltung, Lenkung und Entwicklung sozialer Systeme [Ulr84]. Produktions- und Distributionssysteme – oder zusammenfassend Distributionssysteme – weisen i. d. R. netzwerkartige Strukturen auf und sind somit Gegenstand eines Netz(werk)managements in der Distributionslogistik.

2.1 Produktions- und Distributionsnetze

Allgemein besteht ein System aus einer endlichen Menge von Elementen (Systemelemente) und einer Menge von Beziehungen zwischen den Systemelementen [Fra74]. Produktions- und Distributionssysteme (Distributionssysteme) sind reale, sozio-technische, offene, dynamische Systeme [Ise98], in denen Wertschöpfungsprozesse (bzw. Wertschöpfungsprozessketten) realisiert werden. In Distributionssystemen agieren verschiedene Akteure (u. a. Produzenten, Logistikdienstleister, Großhändler, Einzelhändler, Kunden), die über komplexe Kunden-Lieferanten-Beziehungen verbunden sind. Die Akteure verfügen über unterschiedliche Standorte (Produktionsstätten, Lager, Häfen, Hubs, Sammel- und Verteilpunkte, Filialen, Verkaufsstandorte). Die Standorte sind über verschiedenartige Beziehungen verbunden, die sich nach dem Fließobjekt (Güter-, Informations- und Finanzflüsse) sowie den eingesetzten Transportmitteln unterscheiden lassen. Zur Darstellung und Analyse von Distributionssystemen können diese als Netzwerke modelliert werden.

Im Rahmen der Graphentheorie wird ein Netzwerk als ein gerichteter, pfeil- (und knoten-) bewerteter Graph definiert [Jun94]. Ein gerichteter Graph GR = (V,AR) besteht

E. Sucky (✉)
Otto-Friedrich-Universität Bamberg, Kapuzinerstraße 16, 96047 Bamberg, Deutschland
e-mail: eric.sucky@uni-bamberg.de

© Springer-Verlag GmbH Deutschland, ein Teil von Springer Nature 2018
K. Furmans, C. Kilger (Hrsg.), *Gestaltung der Struktur von Logistiksystemen*,
Fachwissen Logistik, https://doi.org/10.1007/978-3-662-57945-9_2

aus einer nichtleeren, endlichen Menge von Knoten V (von: vertex) und einer Pfeilmenge A (von: arc). Jedem Element der Pfeilmenge A ist genau ein geordnetes Elementpaar v',v"∈V (mit v'≠v") zugeordnet. Die Bewertung erfolgt, indem jedem Pfeil (und jedem Knoten) eine reellwertige Zahl zugeordnet wird.

Ein Distributionsnetz(werk) ist eine durch Abstraktion gewonnene, vereinfachte Abbildung eines real existierenden Distributionssystems, wobei Knoten und Pfeile die relevanten Elemente des Realsystems und deren Beziehungen darstellen. Durch die Knoten- und Pfeilbewertung werden relevante Merkmale und Merkmalsausprägungen der Elemente und ihrer Relationen beschrieben. Aufgrund der genannten komplexen Beziehungen in Distributionssystemen empfiehlt es sich, das gesamte System in Form mehrerer separierbarer Partialnetzwerke zu modellieren, die sich nach den jeweils durchfließenden Objekten unterscheiden [Ott02]. Die einzelnen Partialnetzwerke bilden die verschiedenen Ebenen des gesamten Distributionsnetzes. Hierbei können die institutionelle Ebene, die Informationsebene sowie die Prozess- und Ressourcenebene des Distributionsnetzes differenziert werden (Abb. 2.1).

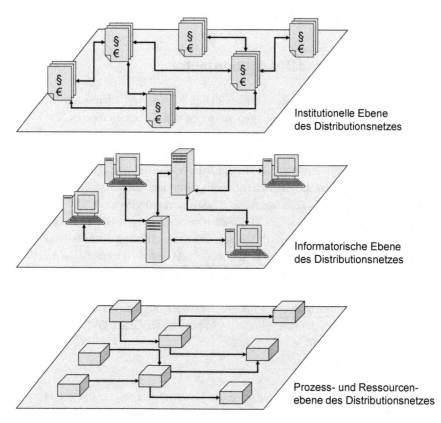

Abb. 2.1 Ebenen des Distributionsnetzwerks. (Nach [Ott02] und [Kau04])]

2.1.1 Prozess- und Ressourcenebene des Distributionsnetzwerks

Die logistische bzw. physische Distribution der Güter erfolgt auf der Prozess- und Ressourcenebene des Distributionsnetzes. Aus der Perspektive der distributionslogistischen Leistungserstellung wird diese elementare Ebene des Distributionsnetzes durch die Ressourcen zur Leistungserstellung und der damit realisierbaren Leistungsprozesse bestimmt. Zur Bewertung der Leistungsprozesse können beispielsweise der Kapazitätsbedarf der Prozesse, die Prozesskosten oder die Prozessdauer herangezogen werden. In realen Distributionssystemen werden die zur Durchführung der Leistungsprozesse notwendigen Ressourcen oft an mehreren, geographisch unterschiedlichen Standorten bereitgestellt. So stehen Produzenten häufig mehrere Produktionsstandorte mit den zur Realisierung von Produktions- und Lagerprozessen notwendigen Ressourcen zur Verfügung. Logistikdienstleister betreiben mehrere Standorte mit den zur Durchführung von Lager- und weitergehenden Logistikprozessen notwendigen Ressourcen. Handelsunternehmen verfügen über eine Vielzahl von Filialen, Regional- und Zentralläger. Die an unterschiedlichen Standorten zur Verfügung stehenden Prozessressourcen können sich bezüglich der Prozesskosten, der Prozessdauer, der Prozessqualität und der Prozesskapazität unterscheiden. Zur Darstellung des Netzwerks aus der Perspektive der distributionslogistischen Leistungserstellung wird daher eine kombinierte prozess- und ressourcenorientierte Perspektive gewählt. Die betrachtete Ebene des Distributionsnetzwerks wird als Prozess- und Ressourcenebene (physische Ebene, Güterflussebene, Güternetzwerk) bezeichnet. Da in dieser räumlichen Struktur von Produktions-, Lager- und Kundenstandorten die physischen Distributionsprozesse stattfinden, wird diese Netzwerkebene auch als Distributionsnetz bzw. Distributionssystem im engeren Sinne bezeichnet [Vah12].

Auf der Prozess- und Ressourcenebene eines Netzwerks repräsentieren Knoten die Standorte (Systemelemente), an denen stationäre Leistungsprozesse realisiert werden (Produktions-, Lager-, Umschlag- und Kommissionierprozesse sowie logistische Zusatzleistungen wie bspw. Konfektionierung oder Labeling). Die Knoten des Netzwerkmodells sind somit Produktionsstandorte, Zentral- und Regionalläger, Hubs, Cross-Docking-Punkte, Umladeknoten sowie Filialen von Handelsunternehmen oder Kundenstandorte. Die Knotenbewertung stellt relevante Merkmale der Knoten und deren Ausprägungen dar, z. B. die Periodenkapazität oder die geographische Lage. Pfeile repräsentieren aktivierte, nutzbare Transportverbindungen innerhalb des Distributionsnetzes (Beziehungen der Systemelemente), d. h. potenzielle raumüberbrückende Wertschöpfungsprozesse. Sie definieren somit die zulässigen Wege im Netzwerk [Fei04]. Die Pfeilbewertung repräsentiert beispielsweise den Transportkostensatz, die Transportdauer, die Transportkapazität oder die Entfernung zweier Standorte.

Die Anzahl der Standorte (Knoten), die Anzahl der Verbindungen (Pfeile) sowie die Orientierung der Pfeile determinieren die Struktur des Distributionsnetzes. Die Menge der Standorte, an denen – bezüglich der Prozessart und der Positionierung im distributionslogistischen Leistungsprozess – gleichartige, ortsgebundene Leistungsprozesse realisiert werden, bilden dann eine Distributionsstufe [Sch13]. Diese horizontale Struktur des

Abb. 2.2 Alternative Distributionsstrukturen [Sch13]

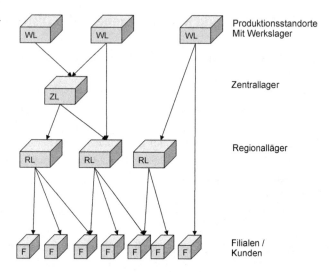

Distributionsnetzes ist somit durch die Zahl der Lager je Stufe, ihre räumliche Positionierung sowie der Zuordnung zu Standorten nachgelagerte Stufen gekennzeichnet (Abb. 2.2). Die vertikale Distributionsstruktur beschreibt wiederum die Stufigkeit eines Distributionsnetzes, d. h. über wie viele Lagerstufen Güter von der Produktion zum Kunden gelangen.

In Abhängigkeit der Anzahl von Quellknoten und der Anzahl diesen zugeordneten Senkeknoten können allgemein baumartige und flächige Netzwerkstrukturen unterschieden werden [Kau04]. Bei klassischen Distributionsnetzwerken des Handels (one-to-many network) oder Beschaffungsnetzwerken der Industrie mit einem Produktionsstandort (many-to-one network) handelt es sich um baumartige Netzwerke [Bre06]. Während one-to-many Netzwerke (Distributionsnetzwerke) mit einer Quelle, mehreren Umschlagknoten und mindestens zwei Senken eine divergierende Struktur aufweisen, sind many-to-one Netzwerke (Beschaffungsnetzwerke) mit mindestens zwei Quellen, mehreren Umschlagknoten und genau einer Senke durch eine konvergierende Struktur gekennzeichnet (Abb. 2.3). In real existierenden Distributionsnetzen können jedoch abschnittsweise sowohl one-to-many Teilnetzwerke als auch many-to-one Teilnetzwerke identifiziert werden. Neben Beschaffungs- und Distributionsnetzwerken können aus einer

Abb. 2.3 Allgemeine Strukturen von Distributions- und Beschaffungsnetzen

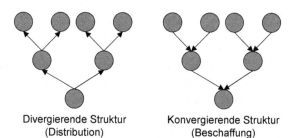

funktionsorientierten Perspektive noch Produktions- und Entsorgungsnetzwerke unterschieden werden [Bre98].

Des Weiteren wird die Struktur von Distributionsnetzwerken durch Art und Umfang der Konsolidierung beeinflusst. Zur Realisierung von Economies of Scale können z. B. in many-to-one Netzwerken die Sendungen mehrerer Quellen zu einem Umschlagknoten transportiert werden, um sie dort zielknotenspezifisch zu konsolidieren [Kau04]. Die Konsolidierung kann aber auch im Rahmen einer Sammeltour bzw. Auslieferungstour erfolgen (Abb. 2.4).

Flächige Netzwerkstrukturen sind einerseits durch mindestens zwei Quellen, Umschlagknoten und mindestens zwei Senken gekennzeichnet (many-to-many network) [Bre06]. Flächige Logistiknetzwerke, z. B. die Netzwerke von Stückgutspeditionen oder Paketdiensten, werden in Rastermodelle (Direktverkehrsnetzwerke) und Hub-Modelle unterschieden (Abb. 2.5). Hub-Modelle können weitergehend nach der Anzahl der Hub-Knoten und der Möglichkeit von Direktverkehren zwischen Nicht-Hub-Knoten in Zentralhub-, Mehrhub- und Mischmodelle differenziert werden. Raster- und Hub-Modelle unterscheiden sich hinsichtlich der Netzdichte, d. h. dem Quotient aus Anzahl aktivierter Verbindungen zur Anzahl aktivierbarer Verbindungen. Rastermodelle (Netzdichte = 1) verfügen

Abb. 2.4 Konsolidierung in many-to-one Netzwerken

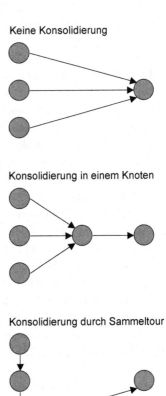

Keine Konsolidierung

Konsolidierung in einem Knoten

Konsolidierung durch Sammeltour

Abb. 2.5 Flächige Logistiknetzwerke

Rastermodell   Zentralhub-Modell

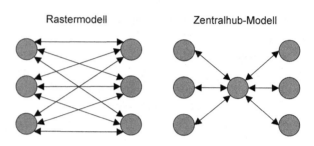

über eine Vielzahl alternativer Verbindungen zwischen einer Quelle und einer Senke und sind damit robust gegenüber Ausfällen einzelner Verbindungen. Demgegenüber können in Hub-Modellen Güterströme konsolidiert werden, um Größenvorteile abzuschöpfen [Kau04].

Schließlich können Distributionsnetze der Prozess- und Ressourcenebene noch dahingehend differenziert werden, ob für die im Netzwerk fließenden Objekte eine fixierte Quellknoten-Senkeknoten-Zuordnung besteht oder ob ein Senkeknoten das betreffende Objekt aus alternativen Quellknoten erhalten kann [Fei04]. Während im ersten Fall lediglich alternative Wege von der Quelle zur Senke im Netzwerk bestehen können, ergeben sich im zweiten Fall zusätzlich alternative Quellknoten-Senkeknoten-Zuordnungen.

2.1.2 Informatorische Ebene des Distributionsnetzwerks

Die zunehmenden Entkopplungsmöglichkeiten von Informations- und Güterflüssen sowie die Integration von interorganisationalen Informationssystemen führen dazu, dass die informationslogistische Infrastruktur von der Struktur der Prozess- und Ressourcenebene des Netzwerks abweichen kann [Kau04], z. B. Einsatz von zentralen Advanced Planning Systems zur netzwerkweiten Planung, Steuerung und Kontrolle der Wertschöpfungsprozesse oder zentrale Informationssysteme zur Fahrzeugdisposition in Logistiknetzwerken. Die informatorische Ebene bildet daher eine eigene Partialebene des Netzwerks. Knoten repräsentieren die Standorte von Informationsverarbeitungssystemen und Pfeile zeigen die Datenflüsse an (Abb. 2.1). Das netzweite Informationsmanagement unterstützt die Planung, Steuerung und Kontrolle der logistischen Leistungserstellung auf der Prozess- und Ressourcenebene. Auch können durch den Einsatz leistungsfähiger I&K-Technologien neuartige Logistikleistungen durch Logistikunternehmen erstellt werden, z. B. Übernahme von Bestandsführungs- und Bestellfunktionen. Schließlich bildet die netzweite Informationsverarbeitung und -weitergabe die Basis für die unternehmensübergreifende, koordinierte Leistungserstellung in Distributionsnetzwerken. Die informationslogistische Vernetzung reicht dabei über rein EDV-technische Aspekte hinaus, da verteilte Informationsbestände gemeinsam genutzt werden (z. B. Kundeninformationen), unternehmensübergreifende Informationssysteme gemeinsam aufgebaut und betrieben werden (z. B. Reservierungssysteme) und Aufgaben sowohl verteilt als auch parallel bearbeitet werden können [Kau04].

2.1.3 Institutionelle Ebene des Distributionsnetzwerks

Allgemeine Zielsetzung von Distributionsnetzwerken ist es, durch eine unternehmensübergreifende, koordinierte Leistungserstellung Potenziale der Arbeitsteilung und der Auftragsbündelung zu nutzen, um Logistikkosten (Distributionskosten) zu minimieren unter Einhaltung eines definierten Servicelevels [Kau04]. Aus einer institutionellen Perspektive stellt sich ein Distributionsnetzwerk als eine auf die Realisierung von Wettbewerbsvorteilen ausgerichtete Organisationsform rechtlich selbständiger, wirtschaftlich jedoch in starkem Maße abhängiger Unternehmen dar. Diese Organisationsform zeichnet sich durch eher kooperative als kompetitive und relative stabile Beziehungen zwischen den beteiligten Unternehmen aus [Syd92].

Die institutionelle Ebene des Logistiksystems lässt sich somit in ein Netzwerkmodell abbilden, in dem Knoten die im Netzwerk integrierten Institutionen darstellen und Pfeile anzeigen, dass zwischen diesen Institutionen bestimmte Beziehungen bestehen (Abb. 2.1). Jeder Knoten (Institution) auf der institutionellen Ebene ist dabei für Planung und/oder Betrieb mindestens eines Knotens oder einer Verbindung auf der Prozess- und Ressourcenebene und/oder der informatorischen Ebene verantwortlich. Bei den Institutionen kann es sich um OEM's (Original Equipment Manufacturers), Lieferanten für Rohstoffe, Materialien, Bauteile, Module und Systeme, Logistikdienstleister (z. B. Speditionen, Transportunternehmen), 3PL's (Third-Party-Logistics-Provider) und 4PL's (Fourth-Party-Logistics-Provider) sowie Handelsunternehmen handeln. Die Knotenbewertungen stellen die Ausprägungen der relevanten Merkmale der Institutionen dar, beispielsweise die Höhe des Eigenkapitals, die Mitarbeiterzahl, die Rechtsform, das Leistungsprogramm oder den Firmensitz. Zwischen den Knoten existieren vielfältige rechtliche, finanzielle und informatorische Beziehungen, z. B. Informationsrechte und Informationspflichten, vertragliche Vereinbarungen, Weisungsbefugnisse oder kapitalmäßige Beziehungen [Hah00; Ott02]. Die Pfeilbewertungen zeigen z. B. die Höhe der finanziellen Beteiligung, die Höhe von Zahlungen oder die Anzahl von Informationsübertragungen in einer Periode an.

2.1.4 Beziehungen zwischen den Ebenen des Distributionsnetzwerks

In den entwickelten Partialnetzwerken des Distributionsnetzwerks erfolgt eine strikte Trennung der institutionellen, der informatorischen und der prozess- und ressourcenorientierten Perspektive des Netzwerks. Dadurch gelingt eine konsistente, je nach Analysegegenstand auf eine bestimmte Ebene beschränkte Darstellung des betrachteten Systems. Zwischen den einzelnen Partialebenen bestehen jedoch weitreichende Interdependenzen. So bestehen bestimmte Verantwortlichkeiten der Knoten auf der institutionellen Ebene über die disponierbaren Ressourcen zur Durchführung der ortsgebundenen und nicht-ortsgebundenen Prozesse auf der informatorischen Ebene und der Prozess- und Ressourcenebene. Zur Planung und Steuerung der Prozesse auf der Güterflussebene wiederum werden I & K-Technologien auf der informatorischen Ebene eingesetzt. Die informatorische Ebene des Distributionsnetzwerks ist Gegenstand der Informationslogistik, d. h. die ganzheitliche und abgestimmte Planung, Gestaltung und Nutzung von unternehmensinternen und externen und somit schnittstellenübergreifenden Informationssystemen [Bux00]. Die weiteren Ausführungen fokussieren daher primär die institutionelle und die physische Ebene des Distributionsnetzwerks.

2.2 Management von Distributionsnetzwerken

Auf der Basis der entwickelten Partialebenen des Distributionsnetzwerks kann folgende Definition des Netzwerkmanagements zu Grunde gelegt werden. Das Management unternehmensübergreifender Distributionsnetzwerke umfasst sowohl die zielgerichtete Gestaltung der einzelnen Ebenen des Netzwerks (institutionelle Ebene, informatorische Ebene, Prozess- und Ressourcenebene) als auch die zielgerichtete Koordination der Prozesse auf und zwischen den einzelnen Partialebenen.

Die Managementaufgaben in Distributionsnetzwerken werden dadurch bestimmt, dass einerseits das Netzwerk selbst bzw. die einzelnen Partialnetzwerke Gegenstand des Managements sind. Andererseits ist die Koordination der einzelnen Prozesse im Netzwerk expliziter Bezugspunkt des Managements von Distributionsnetzen [Del89; Syd98].

2.2.1 Ziele des Netzwerkmanagements

Allgemein sind Ziele Ausdruck angestrebter, zu erreichender bzw. zu erhaltender Zustände [Din82]. Die Zielsetzungen der Bildung von Distributionsnetzwerken sind Markterweiterung, Serviceverbesserung und/oder Kostensenkung sowie die Nutzung von Spezialisierungs-, Größen-, Zeit- oder Risikovorteilen [Wil97]. So wird beispielsweise durch die Zusammenführung nicht (vollständig) überlappender Güterflussnetzwerke einzelner Unternehmen die Flächenausdehnung vergrößert und es entsteht ein erweitertes Distributionsnetzwerk [Kau04]. Auch können Touren- und Sendungsverdichtungseffekte bei der Belieferung der Kunden erschlossen werden. Durch die Zusammenlegung von sich bisher überlappender Tourengebiete mehrerer Unternehmen, verringern sich die Entfernungen zwischen den Empfängern und somit die Fahrtstrecken (Tourenverdichtung). Werden Sendungen, die für einen Empfänger bestimmt sind, gemeinsam ausgeliefert (abgeholt), so werden die Fahrzeuge besser ausgelastet und die Anzahl der Stopps je Tour nimmt ab (Sendungsverdichtung) [Kau98]. Aus institutioneller Perspektive sind Distributionsnetzwerke Kooperationen, d. h. eine auf freiwilliger, vertraglicher Vereinbarung beruhende Zusammenarbeit mindestens zweier rechtlich selbständiger, wirtschaftlich jedoch in gewissem Maße abhängiger Unternehmen [Kau98]. Die o. g. Ziele der Bildung von Netzwerken spiegeln sich in den Motiven für das Eingehen solcher Kooperationen wider. Allgemein können als Begründung für das Eingehen von Kooperation der Transaktionskostenansatz

(Institutionenökonomischer Ansatz) sowie der marktorientierte und der ressourcenorientierte Ansatz (Ansätze des strategischen Managements) herangezogen werden. Gemäß dem Transaktionskostenansatz gehen Unternehmen Kooperationen ein, wenn dadurch Transaktionskostenvorteile realisiert werden können. Dies ist jedoch nur ein Grund für die Bildung von Kooperationen. Gemäß dem marktorientierten Ansatz sind Kooperationen eine Antwort auf veränderte Marktstrukturen, d. h. Kooperationen werden gebildet, da Unternehmen auf diesem Wege die strukturellen Anforderungen des Marktes besser bewältigen und somit bessere Ergebnisse im Wettbewerb erzielen können. Der ressourcenorientierte Ansatz begründet den Vorteil von Kooperationen darin, dass Unternehmen wertvolle und nur schwer substituierbare Ressourcen gemeinschaftlich nutzen können. Unternehmen, die solche Ressourcen nicht besitzen, erhalten in der Kooperation Zugriff zu ihnen. Unternehmen die über solche erfolgsrelevante Ressourcen verfügen, können diese durch die Kooperation auf einer breiteren Basis im Wettbewerb zum tragen bringen [Hun99].

Grundgedanke des Managements bestehender Netzwerke ist, dass nicht einzelne Unternehmen im Wettbewerb zueinander stehen, sondern Netzwerke miteinander konkurrieren [Lam98]. (End)Kunden bewerten nicht die Leistungen einzelner in einem Distributionsnetzwerk agierender Unternehmen, sondern diejenige Leistung, die sich als Resultat der im Netzwerk vollzogenen distributionslogistischen Prozesse ergibt. Aus dieser ganzheitlichen Betrachtung ergibt sich, dass Wettbewerbsfähigkeit bzw. das Erreichen von Wettbewerbsvorteilen eine Koordination aller Prozesse im gesamten Netzwerk erfordert [Zäp00]. Die im Rahmen des Netzwerkmanagements verfolgten Ziele sind daher idealtypisch für das gesamte Netzwerk zu formulieren, d. h. es werden nicht individuelle Ziele einzelner Unternehmen betrachtet, sondern die gemeinsam zu formulierenden Ziele der im Netzwerk agierenden Akteure. Die bei der Gestaltung des Distributionsnetzwerks und der Durchführung der Leistungsprozesse im Netzwerk verfolgten Ziele sind aus strategischer Sicht auf das Schaffen und Erhalten wettbewerbsfähiger Netzwerke auszurichten. Aus operativer Sicht sind die Ziele auf die Sicherstellung effizienter Leistungsprozesse im Netzwerk auszulegen [Zäp00]. Die Sachziele des Distributionsnetzwerks spezifizieren das Handlungsprogramm, d. h. mit welchen Produkten und/oder Dienstleistungen will das Distributionsnetzwerk welche aktuellen und zukünftigen Probleme ihrer Endkunden lösen. Formalziele liefern dann konkrete Handlungskriterien, wie die Aktivitäten im Netzwerk zu planen, zu steuern und zu realisieren sind.

Das Sachziel des Distributionsnetzwerks wird durch das festgelegte Leistungsprogramm determiniert. Im Sinne der Schaffung und Erhaltung von dauerhaften Wettbewerbsvorteilen gegenüber konkurrierenden Netzwerken konkretisiert sich das Sachziel an der Festlegung eines bestimmten, Kundennutzen stiftenden Lieferservice bzw. eines bestimmten Serviceniveaus [Kal00]. Der Lieferservice wird hierbei u. a. durch die Lieferzeit, die Lieferzuverlässigkeit, die Lieferungsbeschaffenheit sowie der Lieferflexibilität konkretisiert. Auf der Prozess- und Ressourcenebene (physische Distribution) aber auch auf der informatorischen Ebene impliziert dies die Sicherung der bedarfsgerechten Verfügbarkeit der zur Durchführung der Leistungsprozesse benötigten Güter und Informationen in allen

Knoten und Pfeilen des Distributionsnetzwerks. Formalziel des Distributionsnetzwerks ist die Minimierung der Logistikkosten unter Beachtung der Sachziele.

2.2.2 Aufgaben des Netzwerkmanagements

Das Netzwerkmanagement hat die Aufgabe, für eine effiziente und effektive Planung, Steuerung und Kontrolle der Abläufe im Netzwerk zu sorgen, d. h. es widmet sich dem Aufbau, der Pflege, der Nutzung sowie der Auflösung von Netzwerken [Cor01]. Die Aufgaben des Netzwerkmanagements – Gestaltung des Distributionsnetzwerks und Koordination der Prozesse innerhalb des Distributionsnetzwerks – sind Planungsaufgaben. Zur Systematisierung der Planungsaufgaben des Netzwerkmanagements lassen sich drei, bezüglich des Planungshorizonts und der Planungsobjekte vertikal (hierarchisch) interdependente Planungsebenen mit horizontal interdependenten Planungsaufgaben identifizieren (Abb. 2.6): Netzwerkgestaltung (network configuration, Konfiguration des Distributionsnetzes), Netzwerkplanung (network planning, Distributionsnetzplanung) und Netzwerksteuerung (network execution, Distributionsnetzsteuerung) [Ebn97; Suc04].

Netzwerkgestaltung
Aufgabe der Netzwerkgestaltung ist die Implementierung von Strategien. Auf dieser Planungsebene besteht die Aufgabe des Netzwerkmanagements in der Konfiguration des gesamten Distributionsnetzwerks. Im Rahmen der Gestaltung von Distributionsnetzwerken ist aus der Perspektive der distributionslogistischen Leistungserstellung insbesondere

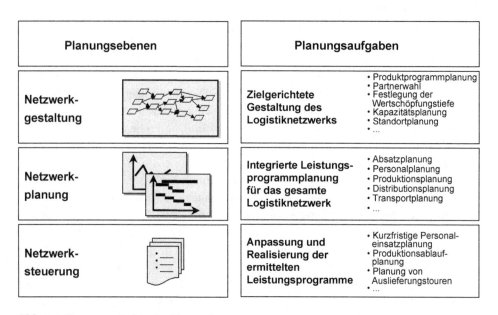

Abb. 2.6 Planungsaufgaben des Netzwerkmanagements

von Interesse, welche Struktur das Netzwerk (Distributionsstruktur) aufweisen soll [Zsi13], welche stationären Leistungsprozesse an welchen Standorten durchzuführen sind und zwischen welchen Standorten welche Güterflüsse durch welche Transportprozesse realisiert werden können, d. h. es ist die Struktur, die Dichte und die Leistungsfähigkeit des Distributionsnetzwerks festzulegen. Die Gestaltungsaufgabe des Netzwerkmanagements umfasst die Struktur- und Ressourcenkonfiguration der Güterflussebene.

- Strukturkonfiguration: Entscheidungen über Anzahl und Lokalisierung der Logistikstandorte sowie bezüglich potenzieller Verbindungen zwischen den Standorten.
- Ressourcenkonfiguration: Entscheidungen über vorzuhaltende Lager-, Umschlag-, Kommissionier- und Transportkapazitäten sowie über die einzusetzenden Prozesstechnologien.

Die Wahl von Anzahl und Lokalisierung der Logistikstandorte ist eine wesentliche Aufgabe bei der Konfigurationsplanung, da die Lage der Standorte in einem hohen Maß die Kosten sowie die Leistungsfähigkeit des Distributionsnetzwerks bestimmt und sich getroffene Entscheidungen nur mit einem großen Ressourceneinsatz revidieren lassen. Auch zeigt sich, dass die Planung der Anzahl und Lokalisierung der Logistikstandorte (Lager, Hubs, Sammel- und Verteilpunkte) die Struktur des Distributionssystems weitgehend determiniert. Zur Entscheidungsunterstützung existiert eine Vielzahl von Planungsmodellen. Bezüglich der Planung von Lagerstandorten kann zwischen diskreten und kontinuierlichen Modellen differenziert werden. Während in diskreten Modellen (Warehouse Location-Probleme) von einer endlichen Menge potenzieller Standorte (diskreter Lösungsraum) ausgegangen wird, aus der ein oder mehrere Standorte auszuwählen sind, gehen kontinuierliche Modelle (Standortplanung in der Ebene) von einer homogenen Ebene (Fläche) mit einer unbegrenzten Anzahl potenzieller Standorte (kontinuierlicher Lösungsraum) aus. Da in der Distributionslogistik die Nähe zum Absatzgebiet (Kundennachfrage) eine besondere Rolle spielt, fokussieren sämtliche Modelle auf eine Standortauswahl unter Beachtung von Betriebskosten, Transportkosten und Serviceniveau.

Das Problem der Bestimmung genau eines neuen Standorts für ein Zentrallager oder Auslieferungslager (kontinuierliches Modell) kann wie folgt beschrieben werden [Dom96]. Auf einer homogenen Fläche existieren n ($j = 1, \ldots, n$) Kunden (z. B. Filialen) mit den Standortkoordinaten (u_j, v_j) und der Nachfrage b_j gemessen in Mengeneinheiten je Periode. Es werden ausschließlich Transportkosten berücksichtigt, die sich proportional zur Transportstrecke und der transportierten Menge verhalten. Es bezeichnet c den Transportkostensatz gemessen in Geldeinheiten je Mengeneinheit und Entfernungseinheit. Der Lagerstandort mit den Koordinaten (x, y) soll so bestimmt werden, dass die gesamten Transportkosten zur Belieferung der Kunden minimal werden. Mit der Entfernung $d_j(x, y)$ zwischen einem Kundenstandort j und dem zu ermittelnden Lagerstandort ergibt sich folgende Formulierung:

$$Min\, F(x, y) = c \cdot \sum_{j=1}^{n} b_j \cdot d_j(x, y) \qquad (2.1)$$

In Abhängigkeit der zu Grunde liegenden Entfernungsmetrik ergibt sich bei rechtwinkliger Entfernungsmessung:

$$Min\, F(x,y) = c \cdot \sum_{j=1}^{n} b_j \cdot \left(\left| x - u_j \right| + \left| y - v_j \right| \right) \qquad (2.2)$$

Wird eine euklidische Entfernungsmessung angewandt, ergibt sich:

$$Min\, F(x,y) = c \cdot \sum_{j=1}^{n} b_j \cdot \sqrt{\left(x - u_j \right)^2 + \left(y - v_j \right)^2} \qquad (2.3)$$

Soll aus einer endlichen Anzahl m $(i = 1,\dots,m)$ potenzieller Standorte eine oder mehrere Lagerstandorte zur Belieferung der n $(j = 1,\dots,n)$ Kunden mit der Periodennachfrage b_j ausgewählt werden, liegt ein diskretes Planungsproblem (Warehouse Location-Problem) vor. Dem Planungsproblem liegen folgende Annahmen zu Grunde. Wird am potenziellen Standort i ein Lager errichtet, so entstehen fixe Kosten für Lagerhaltung und Betrieb in Höhe von f_i Geldeinheiten pro Periode. Wird ein Kunde j durch ein am Standort i eingerichtetes Lager vollständig (mit b_j) beliefert, fallen Transportkosten in Höhe von c_{ij} Geldeinheiten an. Zur Bestimmung wie viele Lager einzurichten sind, an welchen Standorten diese Lager errichtet werden und welcher Kunde von welchem Lagerstandort beliefert werden soll, sodass die Kundennachfrage vollständig erfüllt wird und die Summe aus fixen Lagerhaltungskosten und Transportkosten minimiert wird, ergibt sich folgende Formulierung:

$$Min\, F(x,y) = \sum_{i=1}^{m} \sum_{j=1}^{n} c_{ij} \cdot x_{ij} + \sum_{i=1}^{m} f_j \cdot y_i \qquad (2.4)$$

unter den Nebenbedingungen

$$x_{ij} \le y_i \qquad \forall i,j \qquad (2.5)$$

$$\sum_{i=1}^{m} x_{i,j} = 1 \qquad \forall j \qquad (2.6)$$

$$x_{ij}, y_i \in \{0,1\} \qquad (2.7)$$

Hierbei haben die verwendeten Variablen die Bedeutung:

$$y_i = \begin{cases} 1 & \text{wenn am potenziellen Standort } i \text{ ein Lager errichtet wird} \\ 0 & \text{sonst} \end{cases} \qquad (2.8)$$

$$x_{ij} = \begin{cases} 1 & \text{wenn Kunde } j \text{ von Standort } i \text{ vollständig beliefert wird} \\ 0 & \text{sonst} \end{cases} \qquad (2.9)$$

Die Nebenbedingungen (2.5) stellen sicher, dass ein Kunde nur aus einem errichteten Lager beliefert werden kann. Die Nebenbedingungen (2.6) wiederum stellen sicher, dass jeder Kunde genau aus einem Lager vollständig beliefert wird. Dieses einstufige, unkapazitierte Warehouse Location-Problem kann einfach an weitergehende Problemstellungen angepasst werden.

Zur Lösung sowohl diskreter als auch kontinuierlicher Modelle existieren verschiedene Lösungsalgorithmen, welche in gängigen Softwaretools zur Planungsunterstützung integriert sind [Vah07].

Die zielgerichtete Gestaltung des Distributionsnetzwerks ist Aufgabe des strategischen Netzmanagements. Im Rahmen der Netzwerkgestaltung wird mit der zielgerichteten Struktur- und Ressourcenkonfiguration ein generelles distributionslogistisches Leistungspotenzial aufgebaut.

Aus institutioneller Perspektive besteht die Gestaltungsaufgabe in der Auswahl der in das Netzwerk zu integrierenden Partner und in der Festlegung ihrer logistischen Leistungen, d. h. der logistischen Wertschöpfungstiefe der beteiligten Unternehmen. Damit werden auch die Verantwortungsbereiche über die im Netzwerk zu realisierenden Wertschöpfungsprozesse festgelegt. Elementare Entscheidungen im Rahmen der Netzwerkgestaltung auf institutioneller Ebene betreffen die zu wählenden Distributionskanäle (Vertriebswege). Hierbei kann grundsätzlich zwischen einem direkten Vertrieb, d. h. einer direkten Verbindung zwischen Produzent und Kunde über eigene Verkaufsstellen oder Direktversand und einem indirekten Vertrieb über Absatzmittler (Großhandel, Einzelhandel, Versandhandelsunternehmen) unterschieden werden [Zsi13]. Die gewählten Distributionskanäle bestimmen die Struktur des Distributionsnetzwerks sowohl auf institutioneller Ebene als auch auf der Prozess- und Ressourcenebene.

Auf der informatorischen Ebene des Distributionsnetzwerks ist u. a. zu entscheiden, welche I & K-Technologien eingesetzt werden, welche Informationsverarbeitungssysteme zum Einsatz kommen und welche Daten in welcher Form wem zur Verfügung gestellt werden.

Bei der Gestaltung von Distributionsnetzwerken werden langfristig bindende Entscheidungen getroffen, die im Zeitverlauf nur begrenzt reversibel sind. Dies betrifft sowohl die Standorte und/oder Verbindungen auf der physischen Ebene des Netzwerks als auch die Entscheidungen aus institutioneller Perspektive. So werden z. B. im Rahmen der Kontraktlogistik leistungsspezifische, kundenindividuelle Ressourcen zur Leistungserstellung aufgebaut, deren Kapazitäten und Technologien im Zeitverlauf nur bedingt veränderbar sind.

Netzwerkplanung

Im Rahmen der Netzwerkgestaltung (strategisches Management) wird mit der zielgerichteten Struktur- und Ressourcenkonfiguration ein generelles distributionslogistisches Leistungspotenzial aufgebaut, über dessen Nutzung im Rahmen des taktischen Managements zu disponieren ist. Auf der taktischen Planungsebene der Netzwerkplanung werden für das gesamte Distributionsnetzwerk mittel- bis langfristige Leistungsprogramme generiert. Dies erfolgt auf der Basis prognostizierter, zeitlich und quantitativ spezifizierter

Nachfragequantitäten sowie vorliegender Kundenaufträge. Aus diesen Nachfrageprognosen sind Bedarfsprognosen für alle Knoten und Pfeile des gesamten Netzwerks abzuleiten. Auf der Grundlage dieser Bedarfe gilt es, Angebot und Nachfrage im Distributionsnetz abzustimmen, um einen effizienten Ressourceneinsatz zu gewährleisten. Auf der Basis der Bedarfsprognosen und bereits vorliegender Kundenaufträge sind somit mittelfristige Produktions-, Transport-, Lager- und Umschlagquantitäten zu bestimmen. Die Aufgabe dieser mittelfristigen Leistungsprogrammplanung ist die Bestimmung synchronisierter Produktions-, Lager- und Transportpläne unter Berücksichtigung kapazitäts- und terminbedingter Interdependenzen. Es sind Entscheidungen über die Nutzung des auf der Ebene der Netzwerkgestaltung generierten Leistungspotenzials des Distributionsnetzwerks zu treffen.

Netzwerksteuerung

Aufgabe der Netzwerksteuerung ist die kurzfristige Anpassung und Realisierung der durch die Netzwerkplanung festgelegten Leistungsprogramme. Auf dieser operativen (ausführenden) Planungsebene sind für die Knoten und Pfeile des Netzwerks kurzfristige Produktions- und Distributionspläne zu erstellen, sowohl auf der Basis der durch die Netzwerkplanung vorgegebenen Leistungsprogramme als auch unter Berücksichtigung von aktuellen Nachfrageentwicklungen, Lagerbeständen sowie Unsicherheiten, etwa in Form von Maschinenausfällen und Lieferverzögerungen. Diese kurzfristigen Planungsaufgaben umfassen beispielsweise die kurzfristige Personaleinsatzplanung und die Planung von Auslieferungstouren.

Interdependenzen der Aufgaben

Die Ausführungen zu den einzelnen Planungsebenen und -aufgaben zeigen, dass sowohl zwischen als auch auf den einzelnen Planungsebenen vielfältige Interdependenzen bestehen. Beispielsweise bestehen vertikale Interdependenzen zwischen der Ebene der Netzwerkgestaltung und der Ebene der Netzwerkplanung: Es können nur diejenigen Leistungsprozesse zielgerichtet geplant, gesteuert und kontrolliert werden, welche aufgrund der im Rahmen der Netzwerkgestaltung getroffenen Entscheidungen realisierbar sind. Die Verteilung der zu realisierenden Leistungsprogramme ist nur auf die im Rahmen der Netzwerkgestaltung aktivierten Standorte und Verbindungen möglich. Andererseits bedingt eine Bewertung und Auswahl von Gestaltungsalternativen für das Distributionsnetzwerk die Kenntnis der Ausprägungen entscheidungsrelevanter Merkmale der durch sie induzierten Leistungsprozesse auf der Ebene der Netzwerkplanung: „ … to evaluate a new or redesigned … network, we must, at least approximately, optimize operations to be carried out under the design" [Sha01]. Es sind ebenfalls horizontale Interdependenzen zwischen den Entscheidungen auf den einzelnen Planungsebenen zu berücksichtigen. Durch die Netzwerkgestaltung (Design) werden einerseits Leistungspotenziale generiert, über deren Nutzung im Rahmen der Netzwerkplanung zu disponieren ist. Andererseits stellen Gestaltungsentscheidungen i. d. R. langfristig bindende Entscheidungen dar, wodurch die im Zeitverlauf zu treffenden Folgeentscheidungen über ein Redesign des Netzwerks determiniert werden.

2.2.3 Koordination in Distributionsnetzwerken

Die Darstellung der Planungsaufgaben des Netzwerkmanagements zeigt, dass vertikal (hierarchisch) und horizontal interdependente Planungsaufgaben vorliegen. Die zielgerichtete Gestaltung des Distributionsnetzwerks und die zielgerichtete Planung, Steuerung und Kontrolle der Leistungsprozesse im Netzwerk erfordert eine unternehmensübergreifende Koordination sowohl bezüglich der Entscheidungen auf den einzelnen Planungsebenen (horizontale Koordination) als auch zwischen diesen Planungsebenen (vertikale Koordination). Im Folgenden wird zunächst die zielgerichtete, vertikale Koordination betrachtet. Darauf aufbauend wird die horizontale Koordination von Entscheidungen in Distributionsnetzwerken analysiert.

Vertikale Koordination
Auf der Ebene der Netzwerkgestaltung werden mit der zielgerichteten Konfiguration des Distributionsnetzwerks Leistungspotenziale für einen bestimmten Zeitraum aufgebaut, über deren Nutzung im Rahmen der Netzwerkplanung zu disponieren ist. Gemäß einer hierarchischen Koordination werden auf der übergeordneten Planungsebene der Netzwerkgestaltung Rahmenpläne entworfen, die der untergeordneten Planungsebene der Netzwerkplanung als Vorgaben dienen. Aufgabe der Netzwerksteuerung ist die kurzfristige Anpassung und Ausführung der durch die Netzwerkplanung festgelegten Leistungsprogramme. Bei der Ermittlung von Rahmenplänen auf hierarchisch übergeordneten Planungsebenen sind dabei relevante Informationen zu verarbeiten, welche auf untergeordneten Planungsebenen generiert werden (Abb. 2.7).

Zur zielgerichteten (vertikalen) Koordination der Entscheidungen auf den Planungsebenen des Netzwerkmanagements kann das Konzept der hierarchischen Planung herangezogen werden. Hierarchische Planung kann „ … als eine Folge von Planungsmodellen angesehen werden, in der das jeweils übergeordnete Modell Zielsystem und Entscheidungsfeld des untergeordneten Modells mitbestimmt" [Sch92]. Für zwei hierarchisch

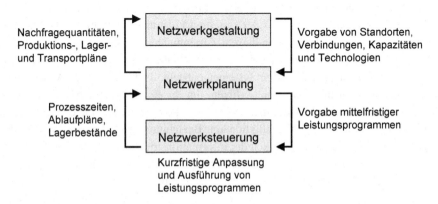

Abb. 2.7 Vertikale Koordination im Netzwerkmanagement

interdependente Planungsebenen wird die übergeordnete Planungsebene als Top-Ebene bezeichnet und die ihr untergeordnete Planungsebene als Basis-Ebene. Bezüglich der Planungsebenen Netzwerkgestaltung und Netzwerkplanung stellt die Netzwerkgestaltung die Top-Ebene dar, auf der die Leistungspotenziale generiert werden, über deren Nutzung auf der Basis-Ebene der Netzwerkplanung disponiert wird (Top-Down-Beziehung). Die Generierung und Bewertung von Gestaltungsalternativen erfordert die Antizipation der Auswirkungen alternativer Gestaltungsentscheidungen auf der Basis-Ebene der Netzwerkplanung, d. h. es müssen die Ergebnisse der Nutzung des Distributionsnetzwerks antizipiert werden (Bottom-Up-Beziehung). Dieses Vorgehen wird als reaktive Antizipation bezeichnet: „The reactive anticipation considers a possible reaction of the base level with respect to the top-level's instructions" [Sch99]. Die endgültig ausgewählte Gestaltungsalternative bildet dann den Rahmen für die zielgerichtete Planung der im Distributionsnetzwerk durchzuführenden Leistungsprozesse durch die Netzwerkplanung. Für die Entscheidungen auf der Ebene der Netzplanung bildet die Planungsebene der Netzwerksteuerung die Basis-Ebene, deren antizipierte Reaktion zur zielgerechten Planung der Leistungsprogramme im Distributionsnetzwerk herangezogen werden muss. Auf der Planungsebene der Netzwerkplanung werden relevante Daten wie z. B. Prozesszeiten, Transportpläne und Lagerbestände benötigt, die im Rahmen der operativen Planung, z. B. der Planung von Auslieferungstouren auf der Ebene der Netzwerksteuerung ermittelt werden.

Horizontale Koordination

Bestehen Distributionskanäle mit indirekten Vertriebswegen, so agieren mindestens zwei rechtlich selbständige, wirtschaftlich jedoch in gewissem Maße abhängige Unternehmen im Distributionsnetz. Eine zentrale Aufgabe des Netzwerkmanagements besteht dann in der zielgerichteten, unternehmensübergreifenden Planung, Steuerung und Kontrolle sämtlicher Leistungsprozesse im Distributionsnetzwerk. Hierzu bedarf es der Koordination der am Netzwerk beteiligten Akteure (institutionelle Ebene). Dieser Koordinationsbedarf ist Folge der Arbeitsteilung in Netzwerken. Aufgrund der Dekomposition der Gesamtaufgabe in Teilaufgaben und ihrer Verteilung auf mehrere rechtlich selbständige Unternehmen, konkretisiert sich eine zentrale Aufgabe des Netzwerkmanagements in der Koordination des Zusammenwirkens der verteilten Leistungserstellung in Distributionsnetzwerken. Koordination bedeutet in diesem Zusammenhang, die einzelnen Handlungen der Beteiligten so auszurichten, dass die Gesamtaufgabe zielgerichtet gelöst wird. Der Koordinationsbedarf in arbeitsteiligen Systemen entsteht, da die beteiligten Akteure nicht über alle notwendigen Informationen verfügen, um ihr eigenes Handeln auf die Aktivitäten der übrigen Akteure abzustimmen und einzelne Akteure eigene Ziele verfolgen, die zu den Netzwerkzielen in einer konfliktionären Beziehung stehen können [Wil97]. Der Informationsbedarf hebt die Wichtigkeit der Informationslogistik als Bindeglied zwischen den auf Technik beruhenden Informationsnetzwerken (informatorische Ebene) und den organisatorischen Beziehungen (institutionelle Ebene) hervor. Aus einer zielorientierten Perspektive bedeutet Koordination insbesondere das Ausrichten von Einzelaktivitäten in einem arbeitsteiligen System auf ein übergeordnetes Gesamtziel [Fre98]. Das Ziel der

Koordination besteht vor allem darin, Optimierungsverluste, die durch eine mangelnde Abstimmung der voneinander abhängigen Entscheidungen in Distributionsnetzwerken entstehen, zu verhindern [Zäp00].

Die Koordination der in einem Netzwerk agierenden Unternehmen kann grundsätzlich nach dem hierarchischen oder dem heterarchischen Prinzip erfolgen, d. h. es ergibt sich eine zentrale oder eine dezentrale Koordination [Zäp00]. Bei einer zentralen Koordination wird das Netzwerk von einem hierarchisch übergeordneten Akteur zentral geführt und es erfolgt eine zentrale Abstimmung der interdependenten Entscheidungen. Eine dezentrale bzw. heterarchische Koordination hingegen ist dadurch gekennzeichnet, dass eine dezentrale Abstimmung interdependenter Entscheidungen erfolgt (Abb. 2.8). In Abhängigkeit davon, wer die Koordinationsaufgaben in Distributionsnetzwerken wahrnimmt, lassen sich somit zwei idealtypische Ausprägungen unterscheiden: monozentrische und polyzentrische Distributionsnetzwerke.

Eine zentrale Koordination ist eng verbunden mit monozentrischen oder hierarchisch organisierten Netzwerken. In monozentrischen Distributionsnetzwerken existiert ein dominantes Unternehmen und alle anderen Netzwerkakteure sind direkt oder indirekt von diesem Unternehmen abhängig [Hah00]. Dieses fokale Unternehmen, welches i. d. R. das Netzwerk auch initiiert, übernimmt eine Führungsrolle und bildet somit das Kernelement des Netzwerks (auf institutioneller Ebene). Das fokale Unternehmen entscheidet über die (Des-) Integration von Partnern und koordiniert die gemeinsamen Aktivitäten im Netzwerk [Wil97]. Die Instrumente der zentralen Koordination können z. B. Weisungen, Programme und Pläne sein (Abb. 2.8). Im Falle von Weisungen werden den hierarchisch untergeordneten Akteuren konkrete Aufgabenstellungen und Verfahrensanleitungen vorgegeben. Durch Programme werden hingegen verbindliche Handlungsvorschriften definiert, die festlegen, wie auf alternative Ausgangsereignisse zu reagieren ist. Das Koordinationsinstrument der Vorgabe von Plänen ist dadurch gekennzeichnet, dass die hierarchisch übergeordnete Institution für einen bestimmten Planungszeitraum Rahmenpläne entwirft, die den Akteuren in dem Netzwerk als Vorgaben bei der Planung der zu realisierenden Leistungsprozesse dienen. Als Beispiel lassen sich Zulieferernetzwerke anführen, wie sie in der Automobilindustrie vorzufinden sind [Wil97]. Auch große Einzelhandelsunternehmen verfügen über eigene Distributionssysteme, die von Herstellern völlig unabhängig geführt werden. Der Hersteller ist dann von dem Handel abhängig und muss sich an das Distributionssystem des Handels anpassen. Hier kann von einem Wandel der Distributionslogistik des Herstellers zu einer Beschaffungslogistik des Handels gesprochen werden [Bre06].

In polyzentrischen Distributionsnetzwerken existieren relativ homogene, gegenseitige Abhängigkeiten zwischen weitgehend gleichberechtigten Unternehmen. Im Rahmen einer dezentralen (heterarchischen) Koordination erfolgt eine unmittelbare Interaktion der Entscheidungsträger, die ihre Entscheidungen durch gegenseitige Übereinkunft im Rahmen einer Selbstabstimmung treffen. Dabei kann es sich um Auktionen, Ausschreibungen oder bilaterale Verhandlungen handeln. Im Rahmen einer Koordination nach dem heterarchischen Prinzip wird somit das Weisungsprinzip der Hierarchie durch das Verhandlungsprinzip der Heterarchie ersetzt [Zäp00]. Dieses als marktliche Koordination bezeichnete

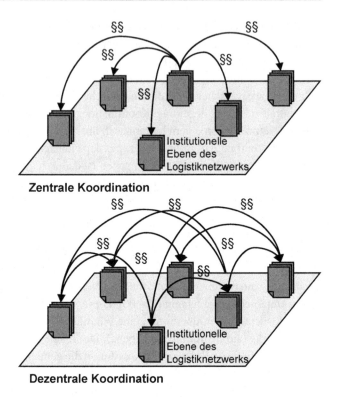

Abb. 2.8 Formen der horizontalen Koordination im Netzwerkmanagement

Prinzip eröffnet bestimmte Potenziale zu opportunistischem Verhalten der Akteure im Netzwerk und ist daher durch Verhaltensunsicherheit geprägt [Jeh00]. Durch die Gestaltung entsprechender Anreizsysteme und Sanktionsmechanismen ist daher eine Bindung an die formulierten Netzwerkziele und Verhaltensnormen zu gewährleisten [Wil97]. Aber auch in dezentralen (polyzentrischen, heterarchischen) Netzwerken, mit weitgehend gleichberechtigten Unternehmen, kann eine zentrale Koordination der Aktivitäten erfolgen [Rau02]. So können Logistikdienstleister als fokale Unternehmen agieren, wenn sie alle an der Leistungserstellung beteiligten Unternehmen zu einem Netzwerk verknüpfen sowie zumindest die gemeinsame distributionslogistische Leistungserstellung zentral planen, steuern und kontrollieren [Sta95].

Koordinationsformen in Distributionsnetzwerken bewegen sich innerhalb des Spannungsfelds zwischen marktlicher (dezentraler) und hierarchischer (zentraler) Koordination. Während auf Märkten ausschließlich Preise und Tauschraten das Angebots- und Nachfrageverhalten koordinieren, übernehmen in Hierarchien bestimmte Institutionen die Koordinationsaufgabe [Kau04]. Zwischenformen zeichnen sich dadurch aus, dass die Koordination der ökonomischen Aktivitäten durch eine Kombination marktlicher und hierarchischer Prinzipien erfolgt, die sich auf diverse Kontrollinstrumente, Koordinationsmechanismen und Vertragsformen stützen (Abb. 2.9). Neben den direkten Koordinationsmechanismen der zentralen und dezentralen Koordination spielen dann indirekte

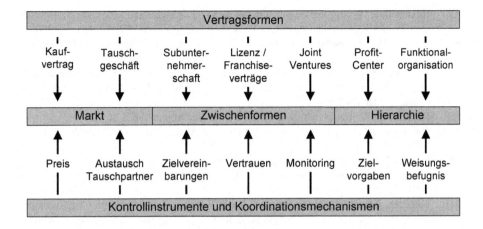

Abb. 2.9 Koordinationsformen. (Nach [Wil97])

Koordinationsmechanismen wie die Schaffung von Vertrauen, die Selbstverpflichtung der Akteure im Netzwerk sowie die Schaffung einer gemeinsamen Unternehmenskultur eine Rolle. Diese Koordinationsmechanismen sind jedoch eher als Ergänzung zu den direkten Koordinationsprinzipien zu sehen [Jeh00; Wil97].

Die primäre Koordinationsaufgabe des Netzwerkmanagements besteht in einer (als fair empfundenen) Allokation der Leistungsumfänge zu den beteiligten Netzwerkunternehmen. So ist auf der physischen Netzwerkebene zu bestimmen, wer welche Leistungsprozesse an welche Knoten bzw. auf welchen Verbindungen durchführt. Erfolgt keine rein marktliche oder hierarchische Koordination, so ist eine effiziente Allokation durch andere Koordinationsinstrumente zu gewährleisten [Wil97].

Mit der Allokation der Leistungsumfänge sind auch die einzelnen Leistungserstellungsprozesse zwischen den Netzwerkakteuren zielgerichtet zu koordinieren. Als Koordinationsinstrument können netzweite Standards als generelle Festlegung von Aktivitätsfolgen für wiederkehrende Leistungsprozesse festgelegt werden. Gemeinsame, netzweite Standards, Normen und Werte in Form von geschriebenen oder ungeschriebenen Regeln der Kooperation schaffen Vertrauen und ermöglichen eine schnelle auftragsspezifische Einbindung der Netzwerkakteure [Kau04].

Literatur

[Bre06] Bretzke, W.-R.: Dienstleisternetze: Grundprinzipien und Modelle einer Konfiguration offener Transportsysteme. In: Blecker, T.; Gemünden, H. G.: Wertschöpfungsnetzwerke. Berlin: Erich Schmidt Verlag 2006

[Bre98] Bretzke, W.-R.: Logistiknetzwerke. In: Bloech, J; Ihde, G. (Hrsg.): Vahlens großes Logistiklexikon. München: Vahlen 1998, 626-627

[Bux00]   Buxmann, P.; König, W.: Zwischenbetriebliche Kooperation auf Basis von SAP-Systemen. Perspektiven für die Logistik und das Servicemanagement. Berlin: Springer 2000

[Cor01]   Corsten, H.; Gössinger, R.: Einführung in das Supply Chain Management. München: Oldenbourg 2001

[Del89]   Delfmann, W.: Das Netzwerkprinzip als Grundgedanke integrierter Unternehmensführung. In: Delfmann, W. (Hrsg.): Der Integrationsgedanke in der Betriebswirtschaft. Wiesbaden: Gabler 1989, 87-113

[Din82]   Dinkelbach, W.: Entscheidungsmodelle, Berlin: De Gruyter 1982

[Dom96]   Domschke, W.; Drexel, A.: Logistik: Standorte, 4. Auflage, München: Oldenbourg Verlag 1996

[Ebn97]   Ebner, G.: Controlling komplexer Logistiknetzwerke – Konzeption am Beispiel der Transportlogistik eines Multi-Standort-/Multi-Produkt-Unternehmens. Nürnberg: GVB 1997

[Fei04]   Feige, D.: Entscheidungsunterstützung in der Transportlogistik – Von der Transportoptimierung zur Gestaltung von Netzwerken. In: Prockl, G.; Bauer, A.; Pflaum, A.; Müller-Steinfahrt, U. (Hrsg.): Entwicklungspfade und Meilensteine moderner Logistik – Skizzen einer Roadmap. Wiesbaden: Gabler 2004

[Fra74]   Franken, R.; Fuchs, H.: Grundbegriffe zur Allgemeinen Systemtheorie. In: Grochla, E.; Fuchs, H.; Lehmann, H. (Hrsg.): Systemtheorie und Betrieb, zfbf Sonderheft 3, 1974, 23-50

[Fre98]   Frese, E.: Grundlagen der Organisation – Konzept - Prinzipien - Strukturen, 7. Auflage, Wiesbaden: Gabler 1998

[Hah00]   Hahn, D.: Problemfelder des Supply Chain Management. In: Wildemann, H. (Hrsg.): Supply Chain Management. München: TCW 2000, 9-19

[Hun99]   Hungenberg, H.: Bildung und Entwicklung von strategischen Allianzen – theoretische Erklärungen, illustriert am Beispiel der Telekommunikationsbranche. In: Engelhard, J.; Sinz, E. J. (Hrsg.): Kooperation im Wettbewerb. Neue Formen und Gestaltungskonzepte im Zeichen von Globalisierung und Informationstechnologie. Wiesbaden: Gabler 1999

[Ise98]   Isermann, H.: Grundlagen eines systemorientierten Logistikmanagements. In: Isermann, H. (Hrsg.): Logistik – Gestaltung von Logistiksystemen, 2. Auflage, Landsberg/Lech: Moderne Industrie 1998, 21-60

[Jeh00]   Jehle, E.: Steuerung von großen Netzen in der Logistik unter besonderer Berücksichtigung von Supply Chains. In: Wildemann, H. (Hrsg.): Supply Chain Management. München: TCW 2000, 205-226

[Jun94]   Jungnickel, D.: Graphen, Netzwerke und Algorithmen. 3. Auflage, Mannheim u. a.: BI-Wissenschaftsverlag 1994

[Kal00]   Kaluza, B.; Blecker, Th.: Supply Chain Management und Unternehmung ohne Grenzen – Zur Verknüpfung zweier interorganisationaler Konzepte. In: Wildemann, H. (Hrsg.): Supply Chain Management. München: TCW 2000, 49-85.

[Kau04]   Kaupp, M.: Logistiknetzwerke. In: Arnold, D.; Isermann, H.; Kuhn, A.; Tempelmeier, H. (Hrsg.): Handbuch Logistik. 2., aktualisierte und korrigierte Auflage, Berlin u. a.: Springer 2004, D 3-34 bis D 3-40

[Kau98]   Kaupp, M.: City-Logistik als kooperatives Güterverkehrs-Management. Wiesbaden: Deutscher Universitäts-Verlag 1998

[Lam98]   Lambert, D. M.; Cooper, M. C.; Pagh, J. D.: Supply Chain Management: Implementation Issues and Research Opportunities. In: The International Journal of Logistics Management 9 (2), 1998, 1-19

[Ott02]   Otto, A.: Management und Controlling von Supply Chains – Ein Modell auf der Basis der Netzwerktheorie. Wiesbaden: Deutscher Universitäts-Verlag 2002

[Rau02]   Rautenstrauch, T.: SCM-Integration in heterarchischen Unternehmensnetzwerken. In: Busch, A.; Dangelmaier, W. (Hrsg.): Integriertes Supply Chain Management – Theorie und Praxis effektiver unternehmensübergreifender Geschäftsprozesse. Wiesbaden: Gabler 2002, 343-361

[Sch99]   Schneeweiß, C.: Hierarchies in Distributed Decision Making. Berlin: Springer 1999

[Sch92]   Schneeweiß, C.: Planung 2 – Konzepte der Prozess- und Modellgestaltung. Berlin: Springer 1992

[Sch13]   Schulte, Ch.: Logistik. 6. Auflage, München: Vahlen 2013

[Sha01]   Shapiro, J. F.: Modeling the Supply Chain, Pacific Grove: Duxbury 2001

[Sta95]   Stahl, D.: Internationale Speditionsnetzwerke – eine theoretische und empirische Analyse im Lichte der Transaktionskostentheorie. Göttingen: Vandenhoeck u. Ruprecht 1995

[Suc04]   Sucky, E.: Koordination in Supply Chains: Spieltheoretische Ansätze zur Ermittlung integrierter Bestell- und Produktionspolitiken, Wiesbaden: Gabler 2004

[Syd98]   Sydow, J.; Wienand, U.: Unternehmensvernetzung und -virtualisierung: Die Zukunft unternehmerischer Partnerschaften. In: Wienand, U.; Nathusius, K. (Hrsg.): Unternehmensnetzwerke und virtuelle Organisation. Stuttgart: Schäffer-Poeschel 1998, 11-31

[Syd92]   Sydow, J.: Strategische Netzwerke. Evolution und Organisation. Wiesbaden: Gabler 1992

[Ulr84]   Ulrich, H.: Management. Bern: Paul Haupt Verlag 1984

[Vah12]   Vahrenkamp, R.; Kotzab, H.: Logistik. 7. Auflage, München: Oldenbourg Verlag 2012

[Vah07]   Vahrenkamp, R.: Logistik. 6. Auflage, München: Oldenbourg Verlag 2012

[Wil97]   Wildemann, H.: Koordination von Unternehmensnetzwerken. In: Zeitschrift für Betriebswirtschaft 67 (4), ZfB, 1997, 417-439

[Zäp00]   Zäpfel, G.: Supply Chain Management. In: Baumgarten, H.; Wiendahl, H.-P.; Zentes, J. (Hrsg.): Logistik-Management. Berlin: Springer 2000, Abschnitt 7-02-03, 1-32

[Zsi13]   Zsifkovits, H. E.: Logistik. München: UVK Lucius UTB 2013

Vertikale Kooperation in der Logistik

3

Michael Eßig

3.1 Begriff, Konzept und Abgrenzung der vertikalen Logistikkooperation

Vorliegende Sektion dieses Buches ist mit „Gestaltung der Struktur von Logistiksystemen" überschrieben. Es ist daher vorab zu klären, inwiefern (a) Kooperationen grundsätzlich als Strukturen bzw. Strukturelemente zu verstehen sind und (b) wie sie sich als vertikale Form in der Logistik konkretisieren lassen. Teilfrage (a) beantwortet dieser Beitrag durch die Definition der Kooperation als hybride Institution im Sinne der Transaktionskostentheorie im nachfolgenden Abschnitt (vgl. Abschn. 3.2), während an dieser Stelle die Begriffsklärung und die Einordnung des spezifischen Kooperationstyps erfolgt.

Der Kooperationsbegriff wird in der Betriebswirtschaftslehre uneinheitlich verwendet [Hel07, 447]. Der Begriff „Kooperation" entstammt der lateinischen Sprache und kann im weitesten Sinne mit „Zusammenarbeit" im Prinzip gleichberechtigter Partner übersetzt werden [Kau93, 24; Rot93, 6]. Eine solche Zusammenarbeit ist einerseits immer mit einem wirtschaftlichen Vorteil für alle beteiligten Partner verbunden [Pfo04, 4] und bedingt andererseits ein Spannungsfeld zwischen Autonomie und Interdependenz. Die kooperierenden Subjekte bleiben rechtlich und wirtschaftlich selbständig. Sie sind in ihrer Entscheidung frei, Kooperationen beizutreten oder sie zu verlassen – und gleichzeitig geben sie autonome Entscheidungen im gewählten Feld der Zusammenarbeit auf. Das „Paradox der Kooperation" [Boe74, 42] resultiert aus der Beibehaltung unternehmerischer Autonomie und des damit verbundenen Gewinnstrebens bei gleichzeitiger Planabstimmung mit

M. Eßig (✉)
Universität der Bundeswehr München, 402240 Neubiberg, Deutschland
e-mail: michael.essig@unibw.de

© Springer-Verlag GmbH Deutschland, ein Teil von Springer Nature 2018
K. Furmans, C. Kilger (Hrsg.), *Gestaltung der Struktur von Logistiksystemen*,
Fachwissen Logistik, https://doi.org/10.1007/978-3-662-57945-9_3

Kooperationspartnern. Dies ist nur möglich, in dem die Zusammenarbeit eine spezifische Kooperationsrente erwirtschaftet, die bei individuellem Vorgehen nicht möglich wäre.

Bei Logistikkooperationen ist das gewählte Feld der Zusammenarbeit (in dem Autonomie zumindest in Teilen aufgegeben wird) per definitionem die Logistik. In der Literatur wird unter Logistikkooperationen eine Vielzahl von Zusammenarbeitsformen subsumiert, die von Lieferantenintegration über Efficient Consumer Response bis zu Logistik-Outsourcing und Zulieferparks, gar Güterverkehrszentren reicht [Vah07, 341 ff.]. Die Kennzeichnung als **vertikal** bezieht sich nach vorherrschender Meinung eindeutig auf die Zusammenarbeit von Unternehmen unterschiedlicher Wertschöpfungsstufen, mithin – je nach Perspektive - zwischen beschaffenden Unternehmen und ihren Zulieferern bzw. zwischen verkaufenden Unternehmen und seinen Kunden [Buv00, 447]. Horizontale Logistikkooperationen umfassen dagegen Unternehmen derselben Wertschöpfungsstufe, bspw. mehre Industrieunternehmen, die gemeinsam Logistik betreiben oder mehrere Logistikdienstleister, die gemeinsam logistische Leistungen erstellen bzw. vermarkten [Car05, 502]. Eine **zwischenbetriebliche vertikale Logistikkooperation** ist demzufolge die partielle Zusammenarbeit (mindestens) zweier selbständiger Unternehmen auf dem Gebiet der Logistik, wobei die beteiligten Unternehmen nicht auf derselben Stufe der Logistikkette stehen.

Die Konzentration auf vertikale Logistikkooperationen bedeutet demzufolge definitionsgemäß immer auch die Entscheidung über ein Logistik-Outsourcing bzw. über die logistische Leistungstiefe (vgl. Kap. 1). Ausgehend von der Position in der Supply Chain sind das grundsätzliche vertikale Beziehungsmuster zwischen verladender/produzierender Industrie, Logistikdienstleistern sowie Handelsunternehmen. Diese lassen sich wie folgt systematisieren:

Aus Sicht der verladenden Industrie können vertikale Logistikkooperationen den Beschaffungs- (Supply Side) und/oder den Distributionsbereich (Demand Side) betreffen. Aus logistischer Perspektive würde die Supply Side die **Lieferantenintegration** des Supplier Relationship Management [Kle13, 187] bspw. im Rahmen einer Just-in-Time Beschaffung umfassen [Vah07, 342–356]. Verladende Industrie und Logistikdienstleister gehen vertikale Logistikkooperationen bspw. im Rahmen eines Logistik-Outsourcing ein, mithin handelt es sich um eine (Logistik-) **Dienstleisterintegration** [Ker07, 117]. Das ist aus Sicht des Verladers wiederum eine Lieferantenbeziehung; aus Sicht des Logistikdienstleisters eine Kundenbeziehung im Sinne des Customer Relationship Managements [Rya05, 252]. Liegt zudem eine räumliche Agglomeration zwischen Logistikdienstleistern und Industrie vor, spricht die Literatur von Logistikclustern [She10, 11] Eine Ausprägung vertikaler Logistikkooperationen zwischen Industrie und Handel (**Handelsintegration**) wäre bspw. Efficient Consumer Response, in dessen Zusammenhang u. a. aktuelle Abverkaufsdaten ausgetauscht oder Bestände gemeinsam geplant werden [Vah07, 357–365]. Die Unterscheidung von Lieferanten- (vgl. Abschn. 3.4.1), Handels- (vgl. Abschn. 3.4.2) und Dienstleisterintegration (vgl. Abschn. 3.4.3) bestimmt auch die Strukturierung dieses Beitrags.

Stillschweigend ist bei all diesen Formen vertikaler Logistikkooperationen unterstellt, dass Unternehmen Kooperationssubjekt sind. Tatsächlich ist dies in der Betriebswirtschaftslehre schon seit Jahrzehnten üblich: „Kooperation ist ein weitdefinierter Begriff, der in der deutschsprachigen Betriebswirtschaftslehre in der Regel mit zwischenbetrieblicher Kooperation gleichgesetzt wird" [Sch93, 223]. Gleichwohl sind unter dem Oberbegriff der vertikalen Logistikkooperationen auch Kooperationsformen mit anderen Kooperationssubjekten zu subsumieren (vgl. Abb. 3.1):

- *Überbetriebliche* Kooperationen stellen bspw. nicht mehr einzelne Unternehmen, sondern größere Verbundeinheiten als Kooperationssubjekte in den Mittelpunkt [Ger71, 27; Gro59, 227 ff.]. Beispielsweise arbeiten Arbeitgeber-, Industrie- und Interessenverbände zusammen, um wirtschaftspolitische Regelungen in ihrem Sinne zu beeinflussen. Überbetriebliche Kooperationen in der Logistik sind ihrem Wesen nach häufig nicht auf eine (logistische) Wertschöpfungsstufe beschränkt und daher meist per definitionem vertikal oder lateral. Aus Sicht des strategischen Management sind derartige Kooperationen nicht auf den bekannten strategischen Anwendungsebenen, Functional Level, Divisional Level oder Corporate Level, angesiedelt, sondern auf einer „vierten Ebene", dem Industry Level, plaziert [Wur94, 12]. Es lässt sich also festhalten: **Überbetriebliche Logistikkooperationen** beschränken sich nicht auf die (freiwillige) bilaterale Zusammenarbeit einzelner Unternehmen. Stattdessen setzen sie von Anfang an auf eine konzertierte Aktion ganzer Unternehmensgruppen oder Branchen, die eine gemeinsame logistische Optimierung anstreben (auch Verbandsaktivitäten zur Schaffung günstiger Rahmenbedingungen für die Logistik, vgl. ähnlich [Pfo10, 287 f.]).
- Eng mit der Unterscheidung zwischen überbetrieblicher und zwischenbetrieblicher Logistikkooperation hängt die Frage nach der **Anzahl der kooperierenden Unternehmen** zusammen. Per definitionem müssen mindestens zwei Unternehmen

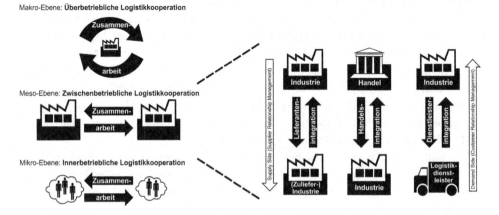

Abb. 3.1 Kooperationsformen in der Logistik

beteiligt sein, im Falle überbetrieblicher Logistikkooperationen sogar (weit) mehr. Im neueren Schrifttum wird deshalb häufig analytisch zwischen der einzelbetrieblichen Ebene, der bilateralen Kooperationsebene (Dyade) und der multilateralen Netzwerkebene differenziert [Stö04, 172 f.]. Das bedeutet, dass von dyadischen Kooperationen nur dann die Rede sein kann, wenn genau zwei Unternehmen zusammenarbeiten. Ein **Netzwerk** liegt vor, wenn mindestens drei Unternehmen über komplexe, relativ stabile und kooperativ angelegte Beziehungsmuster zur Realisierung von Wettbewerbsvorteilen zusammenarbeiten [Syd92, 79]. Pfohl [Pfo04, 4] argumentiert, dass es sich bei Netzwerken damit im Kern um eine Sonderform der Kooperation handelt. **Supply Chain Management** als umfassender Gestaltungsansatz für komplexe Logistikketten wäre in diesem Sinne eine netzwerkorientierte Kooperationsform, bei der mindestens drei Unternehmen eine zwischenbetriebliche Logistikkooperation eingehen [Eßi13, 1 ff.].

* Insbesondere in der älteren Kooperationsliteratur findet man einen vierten Kooperationstyp, der sich auf die innerbetriebliche Zusammenarbeit bezieht [bspw. Boe74, 21; End91, 13 f.; Gro59, 25–28]. Darunter versteht man in erster Linie die Abstimmung von Abteilungen bzw. Individuen. **Innerbetriebliche Logistikkooperationen** sind Formen der Zusammenarbeit zwischen der Logistik und anderen Funktionsbereichen, wie Beschaffung oder Produktion, die primär auf individueller Ebene geregelt werden. Sie sollen hier nicht vertieft werden. Logistische Kooperationen von rechtlich selbständigen Konzerngesellschaften können, je nach dominantem Steuerungsprinzip, der innerbetrieblichen Kooperation (Abstimmung durch zentrale Vorgaben) oder der zwischenbetrieblichen Kooperation (Abstimmung durch Wettbewerb) zugeordnet werden.

Diese Einteilung findet sich in ähnlicher Form auch in der allgemeinen Organisationstheorie wieder [Sch06, 21]: Die organisationstheoretische Ausdifferenzierung unterscheidet Mikro- (Verhalten von Individuen in Organisationstheorien), Meso- (Verhalten ganzer Organisationseinheiten) und Makro-Ebene (Beziehungen zwischen Organisationen). Logistiksysteme werden in Makro- (gesamtwirtschaftliche Systeme bspw. Güterverkehrssystem), Mikro- (einzelwirtschaftliche Systeme, bspw. Fuhrpark) und Meta-Systeme (Betrachtungsebene zwischen Makro- und Meta-Logistik, bspw. alle Logistikelemente einer spezifischen Supply Chain) differenziert. Logistikkooperationen sind daher Makro-Organisationen der Meta-Logistik. Eine Sonderform der Logistikkooperation, bei der Partner aus der Unternehmenslogistik und dem öffentlichen Sektor zusammenarbeiten, wird in Kapitel Public Private Partnerships besprochen.

Der weitere Aufbau dieses Abschnitts entspricht der vorgenommenen Aufteilung von vertikalen Logistikkooperationen in „überbetrieblich" und „zwischenbetrieblich". Zuvor muss die Vorteilhaftigkeit von Logistikkooperationen einer ökonomischen Analyse unterzogen werden.

3.2 Transaktionkostentheoretischer Erklärungsansatz: Vertikale Logistikkooperationen als hybride Institutionen

Der hier vorgestellte Erklärungsansatz für vertikale Logistikkooperationen basiert auf transaktionskostentheoretischen Überlegungen. Daneben existieren noch ökonomische Kooperationstheorien aus der Neoklassik, der Property Rights-Theorie, der institutionellen und formal-mathematischen Agency-Theorie und weitere, welche an dieser Stelle nicht weiter diskutiert werden [bspw. Sch06, 19–22]. Im Mittelpunkt steht der institutionelle Rahmen für die effiziente Abwicklung von Transaktionen. Die Transaktion stellt die Übertragung von Verfügungsrechten an Gütern und/oder Dienstleistungen dar [Com31, 652]. Bei dieser Übertragung entstehen (Transaktions-) Kosten [Coa37, 390], die, je nach dem für ihre Abwicklung gewählten institutionellen Arrangement, unterschiedlich hoch ausfallen. Williamson [Wil90, 1; Wil96, 12] vergleicht die Transaktionskosten mit mechanischen Reibungsverlusten, die bei Maschinen entstehen. Je besser die Zahnräder greifen, desto geringer die Reibungsverluste; je wirtschaftlicher der Organisationsrahmen (Institution), desto geringer die Transaktionskosten (vgl. Abb. 3.2).

Ausgangspunkt der Überlegungen zur optimalen Institutionengestaltung bilden die beiden grundsätzlichen Alternativen von Beherrschungs- und Überwachungssystemen: Markt und Hierarchie [Buv00, S. 446 f., Ebe06, 284 ff.; Wil91, 20 ff.; Wil96, 28 ff.]. Märkte zeichnen sich insbesondere durch ihre hohe Anreizwirkung aus. Die Transaktionspartner erhalten eine unmittelbare Rückkopplung ihrer Leistungen über den Preismechanismus. Dies zwingt zu einer hohen Effizienz beim Einsatz eigener Ressourcen; weniger leistungsfähige Marktteilnehmer kommen als Transaktionspartner für Logistikleistungen nicht mehr in Betracht. Diese „Gnadenlosigkeit" von Märkten existiert bei hierarchischen Organisationsformen nicht. Im Gegenteil: Zurechnungsprobleme machen es bei unternehmensinterner Leistungserstellung oft unmöglich, den gewünschten direkten Zusammenhang zwischen Leistung und Gegenleistung herzustellen. Informationsasymmetrien zwischen den Organisationsmitgliedern führen stattdessen zur Entstehung von Agency-Problemen, die durch die Einführung von Profit Center-Konzepten und internen Verrechnungspreisen („Marktsimulation") nur teilweise gemildert werden können.

Abb. 3.2 Ökonomische Institutionenanalyse [Ebe06, 248]

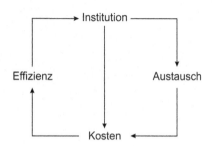

Hinsichtlich ihrer gemeinsamen Zielausrichtung weisen allerdings Hierarchien gegenüber Märkten Vorteile auf. Die administrativen Sanktions- und Kontrollmechanismen, welche darauf beruhen, dass Manager einer Organisation über deren Verfügungsrechte entscheiden, sind stark ausgeprägt. So wird die Anpassungsfähigkeit der gesamten Institution und ihrer Organisationsmitglieder auf veränderte Umweltanforderungen (bspw. veränderte Mengen- und Zeitstrukturen im logistischen Bereich) durch hierarchische Durchgriffsmöglichkeiten erhöht. Dies gilt insbesondere bei Leistungen höherer Spezifität. Im Gegensatz zum Markt, wo Transaktionspartner erst gefunden und über einen langwierigen Verhandlungsprozess gebunden werden müssen, ist die Hierarchie durch ihr Geflecht aus Vertragsbeziehungen (Arbeitsverträge, Lieferverträge etc.) bilateral anpassungsfähiger.

So lässt sich auch die unterschiedlich Steigung des (Transaktions-) Kostenverlaufs von Markt und Hierarchie erklären (vgl. Abb. 3.3): Bei Leistungen geringer Spezifität sind Märkte transaktionskostenminimal und daher vorzuziehen, während hochspezifische Leistungen durch Hierarchien günstiger erbracht werden können.

Kooperationen stellen das dritte institutionelle Arrangement neben Markt und Hierarchie dar. An die Stelle bisher rein marktlich geprägter Austauschbeziehungen zwischen den Kooperationssubjekten tritt eine immer stärker durch hierarchische Koordinationsmechanismen, wie Planabstimmung, gekennzeichnete Institution. Darin spiegelt sich das bereits angesprochene Autonomie-Interdependenz-Spannungsfeld wieder. Die Transaktionsmodalitäten sind im gewählten Bereich der Zusammenarbeit insofern **hybrid**, als sie marktliche und hierarchische Abstimmung kombinieren [Göb02, 145–152]. Konsequenterweise liegt der Verlauf der Kostenkurve für hybride Arrangements auch genau zwischen Markt und Hierarchie (vgl. Abb. 3.3). Ziel ist eine Kombination der Vorteile von Markt und Hierarchie, also von marktlicher Anreizstärke und direkten hierarchischen Gestaltungsmöglichkeiten [Wil91, 23 ff.].

Abb. 3.3 Transaktionskosten institutioneller Arrangements im Vergleich [Wil91, 24]

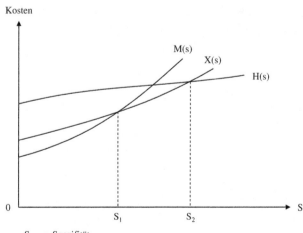

S   = Spezifität
M(s) = Marktliche Transaktionskosten
H(s) = Transaktionskosten der Hierarchie (Organisationskosten)
X(s) = Transaktionskosten der Hybridform (Kooperationskosten)

Abb. 3.3 macht deutlich, dass Kooperationen bei Leistungen mittlerer Spezifität ökonomisch sinnvoll sind. Eine genauere Analyse der Logistikspezifität am Beispiel Transporte, macht Fälle mittlerer Spezifität deutlich, die sich für eine vertikale Logistikkooperation eignen:

- Der mit logistischen Leistungen verbundene Transportprozess ist i.d.R. hochspezifisch. Wenn ein Gut von A nach B transportiert werden muss, weil es zu einem bestimmten Zeitpunkt in B benötigt wird, so ist diese Leistung praktisch einmalig und daher höchstspezifisch. Man denke nur an 24-Stunden-Ersatzteillieferungen großer Maschinenfabriken oder von Versandhandelshäusern. Die Prozeßspezifität dieser logistischen Leistungen ist somit also sehr hoch.
- Die zur Erstellung der Logistikleistung notwendigen Transportmittel sind hingegen meist ubiquitär verfügbar. Transportmittel, wie Lastkraftwagen, sind relativ einfach zu erwerben, ihre Leistung ist weitgehend standardisiert und ihre Verwendung häufig universal. Auch für das Bedienungspersonal sind standardisierte Zulassungsvoraussetzungen (Führerschein etc.) vorhanden. Die Transportmittelspezifität ist also prinzipiell gering - vorausgesetzt, das Transportgut stellt keine erhöhten Anforderungen (Sicherheit etc.).

Vereinfacht ergibt sich für derartige Logistikleistungen eine mittlere Gesamtspezifität. Für hochstandardisierte Logistikleistungen empfiehlt die Transaktionskostentheorie den Bezug vom Markt (Kauf/Spot-Transaktion); für höchstspezifische Leistungen, die Eigenerstellung. Im Zuge der Bestimmung der logistischen Leistungstiefe (vgl. Kap. 1) zeigt sich, dass, aus Sicht der Verlader, Logistikdienstleistungen häufig nicht zu ihren hochspezifischen Kernfähigkeiten gehören - sondern eben industrielle Erstellungs-, Entwicklungs- und Vermarktungsleistungen und/oder Warenpräsentation und Sortimentsgestaltung im Handel. Konsequenterweise wir der Logistikleistung allenfalls eine mittlere Spezifität und strategische Bedeutung zugeschrieben, was eine Auslagerung bzw. eine kooperative Abwicklung mit einem Logistikdienstleister nach sich zieht. Die beschriebenen Logistikleistungen mittlerer Spezifität eignen sich aus transaktionskostentheoretischer Sicht ganz besonders für eine Abwicklung über Hybridinstitutionen. Dies gilt umso mehr, wenn Kooperationen dazu beitragen, Transaktionskosten noch weiter zu senken. Dies soll mit Hilfe der vorgenommenen Einteilung in über- und zwischenbetriebliche vertikale Logistikkooperationen im Folgenden konkretisiert werden.

3.3 Überbetriebliche Logistikkooperationen

Das Ziel überbetrieblicher Logistikkooperationen ist - wie bei jeder anderen Kooperation auch - die Erwirtschaftung einer Kooperationsrente. Überbetriebliche Logistikkooperationen beziehen sich jedoch auf Unternehmensgesamtheiten, also bspw. ganze

Branchen. Die Kooperationsrente besteht hier in der Realisierung von Normierungs- und Standardisierungsvorteilen, die allen Marktpartnern ökonomische Vorteile verschafft. Entsprechend dem in der Logistik vorherrschenden Flussprinzip [Kla02, 26 ff.] unterscheiden wir in güterflussorientierte, informationsflussorientierte und flussübergreifende Logistikkooperationen:

- Güterflussorientierte Logistikkooperationen existieren häufig in Form von Logistikdienstleistungsnetzwerken und Branchenverbänden. Typische Dienstleistungsnetzwerke („Logistikservice-Netzwerke", [Pfo10, 287]) sind Zusammenschlüsse kleiner und mittelständischer Unternehmen, um flächendeckende Gütertransportleistungen anbieten zu können (bspw. Confern Möbeltransporte). Auf Branchenebene hat bspw. Verband der Automobilindustrie (VDA) einen so genannten Kleinladungsträger (KLT) entwickelt, der allen Mitgliedern einen reibungslosen Materialfluss ohne Transportgefäßewechsel ermöglichen soll.
- Informationsflussorientierte Logistikkooperationen entstehen durch die gemeinschaftliche Akzeptanz von Informationsnormen, die von den einzelnen Mitgliedern häufig gar nicht direkt explizit erarbeitet wurden. Dazu gehören bspw. Normen des DIN (Deutsches Institut für Normung), die helfen, Materialien und Güter sowie deren logistische Eigenschaften zu klassifizieren [Sti97, 749 f.].

  Ein typisches Beispiel für informationsflussorientierte, überbetriebliche Logistikkooperationen ist die GS1 Germany GmbH. Diese Gesellschaft wird von der deutschen Konsumgüterwirtschaft getragen und entwickelt sowohl technische Standards, wie auch Prozessstandards: Die Regeln zum Weltstandard EAN, mit den Identifikationssystemen für Produkte, Dienstleistungen, Lokationen und Packstücke, sind wichtige Empfehlungen zur Optimierung der Geschäftsprozesse. Sie werden ergänzt durch WebEDI- und XML-Standards als Voraussetzung zur Rationalisierung des elektronischen Austausches von Geschäftsdaten. Daneben spielen Prozessstandards mit globalem Anspruch im Rahmen der ECR-Strategien (Efficient Consumer Response) eine entscheidende Rolle.

  Weiterhin erarbeiten die Vereinten Nationen im Rahmen des UN/EDIFACT-Systems (United Nations Electronic Data Interchange For Administration, Commerce and Transport) eine Lösung zur automatisierten Kommunikation via Electronic Data Interchange (EDI) im Logistikkanal. Alle Ausprägungen helfen, Transaktionskosten zu senken.
- Flussübergreifende Logistikkooperationen sind nicht eindeutig zuzuordnen und stehen im Mittelpunkt der Interessenvertretung des Logistikgewerbes. Zu dieser Art von Kooperationen gehört bspw. die Bundesvereinigung Logistik e.V. (BVL). Sie selbst versteht sich als „Podium für den nationalen und internationalen Gedanken- und Erfahrungsaustausch zwischen Führungskräften" und ist mit über 3.000 Mitgliedern der größte deutsche Logistikverband.

3.4   Zwischenbetriebliche Logistikkooperationen

Im Gegensatz zu den überbetrieblichen Logistikkooperationen betreffen zwischenbetriebliche Logistikkooperationen Formen der logistischen Zusammenarbeit, die direkt zwischen zwei (oder mehreren) Unternehmen geschlossen werden. Analog zur Mikrostruktur der Unternehmenslogistik wird dabei zwischen Industrie-, Handels- und (Logistik-)Dienstleistungsunternehmen unterschieden [Pfo10, 15]; entsprechend den Ausführungen in Abschn. 3.1 differenzieren wir demzufolge Lieferanten- (vgl. Abschn. 3.4.1), Handels- (vgl. Abschn. 3.4.2) und Dienstleisterintegration (vgl. Abschn. 3.4.3).

3.4.1   Logistikkooperationen zwischen Industrieunternehmen (Lieferantenintegration)

Vertikale Logistikkooperationen zwischen Industrieunternehmen versuchen, den Logistikkanal durch intensive Zusammenarbeit von Abnehmer und Zulieferer zu verbessern. Unter dem Oberbegriff der „Lieferantenintegration" wird nicht nur versucht, kurzfristig Kosten zu senken, sondern strategische Ziele wie bspw. Innovationsfähigkeit und verbesserte Time-to-Market-Zyklen durch intensiven Wissensaustausch zu erreichen (vgl. Squ09, S. 463 f.). Gerade in der Automobilindustrie wird diese Kooperationsform häufig praktiziert - meist existieren sogar formalisierte Kooperationsprogramme. Abb. 3.4 lässt erkennen, dass die Verbesserung der logistischen Verbindungen ein wesentliches Element dieser vertikalen Kooperationsprogramme darstellt.

Allerdings zeigt die Tabelle auch, dass das Kostensenkungsziel diese vertikalen Kooperationen eindeutig dominiert. Typische Logistikserviceziele, wie die Reduzierung der Durchlaufzeit, werden nur bei wenigen Kooperationsprojekten erreicht. Die Optimierung der Logistikprozesse bspw. in Form von Just-in-Time steht lediglich bei den Programmen von Ford und BMW im Vordergrund.

Zu den zwischenbetrieblichen, vertikalen Logistikkooperationen gehört auch die Zusammenarbeit von Industrieunternehmen im Rahmen von Modular Sourcing und System Sourcing. Klassische, von Eicke/Femerling (1991) [Eic91] als kaskadenförmig bezeichnete, Zulieferketten sind charakterisiert durch den Austausch von Gütern mit geringer Komplexität. Diese werden von einer Vielzahl von Lieferanten bezogen und erst am Ende der Wertschöpfungskette zu einer funktionsfähigen Gesamtheit verbaut. Dies bedingt differenzierte Logistikketten, die die Vielzahl an Einzelteilen bei den Lieferanten „sammeln" und dem Abnehmerunternehmen zuführen [Sch09, 291–294]. Zugleich ist die innerbetriebliche Materialwirtschaft sehr aufwendig und komplex.

Ziel moderner Sourcing-Konzepte ist es, die Anzahl der Beschaffungsobjekte deutlich zu verringern und möglichst komplette Module oder Systeme von Zulieferern zu beziehen [Vah07, 217–219]. Wichtig ist dabei, dass nicht die Gesamtzahl der Zulieferer

Hersteller	Ford	VW	Opel	BMW	Mercedes-Benz
Programmname	DFL	KVP^2	Picos	POZ	Tandem
Bedeutung	Drive For Leadership	Kontinuierlicher Verbesserungs-Prozeß	Purchased Input Concept Optimization with Suppliers	Prozeß-optimierung Zulieferteile	
Reduzierung der Durchlaufzeit	◐	◐	◐	○	○
Verbesserung der Produktqualität	○	○	○	○	○
Prozeß-optimierung	●	○	○	●	◐
Verbesserung der Zusammenarbeit	◐	○	○	○	●
Kosten-senkung	●	●	●	●	●

Abb. 3.4 Beurteilung von Netzwerkprogrammen der Automobilindustrie [Bos95, 13]

in der Wertschöpfungskette, sondern nur die Zulieferspanne des Endproduktherstellers zwingend sinken muss [Kau93]. Die Verwendung der Begriffe Modul oder System, und damit die Unterscheidung zwischen Modular Sourcing und System Sourcing, ist in der Literatur uneinheitlich. Während bspw. Eicke/Femerling (1991) [Eic91] oder Wildemann (1992) dieses Begriffspaar synonym verwenden, weicht die Argumentation Eßig/Wagner (2003) hiervon ab: Module sind im Gegensatz zu Systemen durch eine eindeutige, physisch-logistische Abgrenzbarkeit gekennzeichnet. Demzufolge sind sie komplette, einbaufertige Baugruppen. Charakteristisch für Modular Sourcing ist die Tatsache, dass die Beschaffungsobjekte zwar einbaufertig und somit hochintegriert bezogen werden, der Modullieferant jedoch hauptsächlich eine fertigungslogistische Integrationsleistung erbringt. Die Übernahme der Entwicklungsverantwortung bedeutet einen weitergehenden Schritt, der vom Modul zum System führt. System Sourcing ist verbunden mit dem Bezug von funktionell abgestimmten Baugruppen, die nicht zwingend eine physische Einheit bilden. Dies ist bspw. bei einer kompletten Bremsanlage der Fall. Ein solches System (Bremsanlage) wird eher gedanklich als physisch abgegrenzt und kann Bestandteil verschiedener Module (Bremsbacken als Teil des Moduls Rad, Anti-Blockier-System als Teil des Moduls Bordelektronik und Bremspedal als Teil des Moduls Pedalerie) sein.

In jedem Fall ist eine abgestimmte Logistik der Kooperationspartner erforderlich, die zudem durch relativ hohe Spezifität gekennzeichnet ist. Die Investition in eine Anlage zur Fertigung kundenspezifischer Systeme setzt voraus, dass dem Lieferanten verbindliche Zusagen über die Dauer der Partnerschaft gemacht werden. Gleichzeitig werden bilateral abgestimmte Logistiksysteme zum Informations- und Güterfluss eingerichtet, deren Erfolg nur durch gemeinschaftliche Arbeit erreicht werden kann.

3.4.2 Logistikkooperationen zwischen Industrie und Handel (Handelsintegration)

Logistikkooperationen zwischen Industrie- und Handelsunternehmen dienen vor allem der Reduzierung des Bullwhip-Effekts [Sch10, 165 ff.] werden häufig unter dem Begriff „Efficient Consumer Response" (ECR) zusammengefasst [Cor05, 80 f.; Tel03]. „Efficient Consumer Response (ECR) ist eine gesamtunternehmensbezogene Vision, Strategie und Bündelung ausgefeilter Techniken, die im Rahmen einer partnerschaftlichen und auf Vertrauen basierenden Kooperation zwischen Hersteller und Handel darauf abzielen, Ineffizienzen entlang der Wertschöpfungskette unter Berücksichtigung der Verbraucherbedürfnisse und der maximalen Kundenzufriedenheit zu beseitigen, um allen Beteiligten jeweils einen Nutzen zu stiften, der im Alleingang nicht zu erreichen gewesen wäre." [Hey98, 41]. ECR setzt also besonders stark auf eine informationstechnische Verknüpfung von Handels- und Industrieunternehmen, um die Distributionslogistik (Physical Distribution) zu optimieren.

Ursprünglich wurden die Lösungen der Informations- und Kommunikationstechnik direkt zwischen den beteiligten Unternehmen vereinbart. Dies führte zu einer Vielzahl proprietärer Lösungen, die jeweils einen hohen Investitionsbedarf erforderten. Die individuelle Implementierung von ECR zwischen Industrie und Handelsunternehmen bleibt eine zwischenbetriebliche Logistikkooperation, während die Konzeption des ECR-Ansatzes den Charakter einer überbetrieblichen Logistikkooperation angenommen hat. In 1994 und 1995 wurden das „Joint Industry Executive Committee on ECR" in den USA und das „ECR Europe Executive Board" in Europa gegründet. Diese haben das Ziel, eine branchenweite Lösung für ECR-Technologien durch die Zusammenarbeit von Industrie- und Handelsunternehmen durchzusetzen. Ihren neuen organisatorischen Rahmen finden sie in Deutschland unter dem Dach der in Abschn. 3.3 bereits vorgestellten GS1 Germany GmbH.

3.4.3 Logistikkooperationen mit Dienstleistern (Dienstleisterintegration)

Logistikkooperationen sind nicht nur zwischen Industrieunternehmen bzw. Industrie- und Handelsunternehmen möglich, sondern auch in Form einer Zusammenarbeit mit spezialisierten Logistikdienstleistern [Kle91, 63 ff.]. Dabei sind prinzipiell drei Formen denkbar [Fra97, 576]:

- Kooperationen mit Transportdienstleistern beziehen sich bspw. auf Single Sourcing-Verträge mit einem Spediteur oder Transporteur, der in enger Zusammenarbeit mit dem Industrieunternehmen die Warenströme mit bestimmten Zulieferern organisiert. Erstreckt sich deren Zuständigkeit darauf, die Lieferungen verschiedener Zulieferer aus einer bestimmten geographischen Region zu konsolidieren und zu optimalen Transportlosen zusammenzufassen, spricht man von einem Gebietsspeditionskonzept. Die Kooperation erstreckt sich dabei auch auf die Einbindung der Lieferanten.
- Kooperationen mit Lagerdienstleistern sind häufig gleichbedeutend mit dem Outsourcing des Lagers. So betreiben heute Speditionen oft Konsignationslager auf eigene Verantwortung. Daimler hat für die Fertigung des Smart-Kleinstwagens im französischen Hambach einen spezialisierten Dienstleister (Fa. Rhenus) eingebunden, der das Kleinteilelager komplett betreibt und verantwortet. Eine vergleichbare Aufgabe hat das zur Würth-Gruppe gehörende Unternehmen Hahn + Kolb (Stuttgart) für ein Zweigwerk der Robert Bosch GmbH in Murrhard übernommen.
- Kooperationen mit Dienstleistern der Informationsvereinbarung dienen der Optimierung von Frachtinformationssystemen und werden häufig von Transportdienstleistern mit angeboten. Dazu gehören bspw. elektronische Sendungsverfolgungssysteme im Internet.

Als relativ neue Form der Logistikdienstleistung hat sich zudem die **Kontraktlogistik** etabliert, die per definitionem eine vertikale Logistikkooperation zwischen Verlader und Logistikdienstleister darstellt [Eis05, 396–399, Web07, 37 f.]. Von Kontraktlogistik spricht man, wenn Leistungspakete eines Systemanbieters, auf der Basis langfristiger Geschäftsbeziehungen mit dem verladenden Industrie- bzw. Handelsunternehmen, auf Basis eines durchaus relevanten Geschäftsvolumens zusammengefasst werden [Gie00; Kla12]. Da komplexe logistische Leistungspakete im Mittelpunkt stehen, ist eine längerfristige Zusammenarbeit - und damit eine vertikale Logistikkooperation - zwingend erforderlich [Eis05, 397].

Literatur

[Boe74]   Boettcher, E: Kooperation und Demokratie in der Wirtschaft, Tübingen 1974
[Bos95]   Bossard Consultants GmbH (Hrsg.): Effizienz und Effektivität von Lieferantenprogrammen innerhalb der deutschen Automobilindustrie: Ergebnisse einer Befragung der Automobilzulieferer zu den Lieferantenprogrammen der deutschen Automobilhersteller. München 1995
[Buv00]   Buvika, A./Grunhaug, K.: Inter-firm dependence, environmental uncertainty and vertical co-ordination in industrial buyer-seller relationships. Omega: The International Journal of Management Science, 28 (2000), 445-454.

[Car05]   Carbone, V./Stone, M.A.: Growth and relational strategies used by the European logistics service providers: Rationale and outcomes. Transportation Research Part E, 41 (2005), S. 495–510

[Coa37]   Coase, R. H.: The Nature of the Firm. Economica 4 (1937) 16, 386–405

[Com31]   Commons, J. R.: Institutional Economics. American Economic Review 21 (1931) 4, 648-657

[Cor05]   Corsten, D./Kumar, N.: Do Suppliers Benefit from Collaborative Relationships with Large Retailers? An Empirical Investigation of Efficient Consumer Response Adoption. Journal of Marketing 69 (2005) 3, 80–94.

[Ebe06]   Ebers, M.; Gotsch, W.: Institutionenökonomische Theorien der Organisation. In: Kieser, A./Ebers, M. (Hrsg.): Organisationstheorien. 6. Aufl. Stuttgart 2006, S. 247–308.

[Eic91]   Eicke, H. v.; Femerling, C.: Modular Sourcing: Ein Konzept zur Neugestaltung der Beschaffungspolitik. München 1991

[Eis05]   Eisenkopf, A.: Wachstumsmarkt Kontraktlogistik: Eine Analyse von Logistikkooperationen aus institutionenökonomischer Sicht. In: Lasch, R./Janker, C. G. (Hrsg.): Logistik Management: Innovative Logistikkonzepte. Wiesbaden 2005, S. 395–406

[End91]   Endress, R.: Strategie und Taktik der Kooperation: Grundlagen der zwischen- und innerbetrieblichen Zusammenarbeit. 2. Aufl. Berlin 1991

[Eßi03]   Eßig, M./Wagner, S.: Strategien in der Beschaffung. In: Zeitschrift für Planung und Unternehmenssteuerung (ZP), 14 (2003) 3, S. 279–296

[Eßi13]   Eßig, M./Hofmann, E./Stölzle, W.: Supply Chain Management: München 2013

[Fra97]   Frank, W.: Einkauf von Logistikdienstleistung. In: Bloech, J.; Ihde, G. B. (Hrsg.): Vahlens großes Logistiklexikon, München: Vahlen 1997

[Ger71]   Gerth, E.: Zwischenbetriebliche Kooperation. Stuttgart 1971

[Gie00]   Giesa, F./Kopfer, H.: Management logistischer Dienstleistungen der Kontraktlogistik. Logistik Management, 2 (2000) 1, S. 43–53

[Göb02]   Göbel, E.: Neue Institutionenökonomik, Stuttgart 2002

[Gro59]   Grochla, E.: Betriebsverband und Verbundbetrieb: Wesen, Formen und Organisation der Verbände aus betriebswirtschaftlicher Sicht. Berlin 1959.

[Hel07]   Held, T./Steckler, N.: Kooperationen zwischen Logistikdienstleistern. In: Stölzle, W./ Weber, J./Hofmann, E./Wallenburg, C.M. (Hrsg): Handbuch Kontraktlogistik: Management komplexer Logistikdienstleistungen, Weinheim 2007, S. 447–461.

[Hey98]   Heydt, A. von der: Efficent Consumer Response (ECR): Basisstrategien und Grundtechniken, zentrale Erfolgsfaktoren sowie globaler Implementierungsplan. 3. Aufl. Frankfurt/ Main u.a. 1998

[Kau93]   Kaufmann, L.: Planung von Abnehmer-Zulieferer-Kooperationen: Dargestellt als strategische Führungsaufgabe aus Sicht der abnehmenden Unternehmung. Gießen 1993

[Ker07]   Kersten, W./Koch, J.: Motive für das Outsourcing komplexer Logistikdienstleistungen. In: Stölzle, W./Weber, J./Hofmann, E./Wallenburg, C.M. (Hrsg): Handbuch Kontraktlogistik: Management komplexer Logistikdienstleistungen, Weinheim 2007, S. 115–132.

[Kla02]   Klaus, P.: Die dritte Bedeutung der Logistik: Beiträge zur Evolution logistischen Denkens. Hamburg 2002

[Kla12]   Klaus, P./Kille, C.: Kontraktlogistik. In: Klaus, P./Krieger, W./Krupp, M. (Hrsg.): Gabler Lexikon Logistik: Management logistischer Netzwerke und Flüsse. 5. Aufl. Wiesbaden 2012, S. 285–289.

[Kle13]   Kleemann, F. C./Eßig, M.: A providers' perspective on supplier relationships in performance-based contracting. Journal of Purchasing and Supply Management, 19 (2013), 3, S. 185–198.

[Kle91]   Kleer, M.: Gestaltung von Kooperationen zwischen Industrie- und Logistikunternehmen: Ergebnisse theoretischer und empirischer Untersuchungen, Berlin 1991

[Pfo04]   Pfohl, H. C.: Grundlagen der Kooperation in logistischen Netzwerken. In: Pfohl, H. C. (Hrsg.): Erfolgsfaktor Kooperation in der Logistik: Outsourcing, Beziehungsmanagement, finanzielle Performance. Berlin 2004, S. 1–36.

[Pfo10]   Pfohl, H. C.: Logistiksysteme: Betriebswirtschaftliche Grundlagen. 8. Aufl. Berlin u.a. 2010.

[Rot93]   Rotering, J.: Zwischenbetriebliche Kooperation als alternative Organisationsform: Ein transaktionskostentheoretischer Erklärungsansatz. Stuttgart 1993.

[Rya05]   Ryals, L.: Making Customer Relationship Management Work: The Measurement and Profitable Management of Customer Relationships. Journal of Marketing, 69 (2005), 4, 252–261.

[Sch93]   Schrader, S.: Kooperation. In: Hauschildt, J./Grün, O. (Hrsg.): Ergebnisse empirischer betriebswirtschaftlicher Forschung: Zu einer Realtheorie der Unternehmung. Stuttgart 1993.

[Sch06]   Scherer, A. G.: Kritik der Organisation oder Organisation der Kritik? Wissenschaftstheoretische Bemerkungen zum kritischen Umgang mit Organisationstheorien, in: Kieser, A./ Ebers, M. (Hrsg.): Organisationstheorien. 6. Aufl. Stuttgart 2006, S. 19–61.

[Sch09]   Schulte, Ch.: Logistik: Wege zur Optimierung der Supply Chain, 5. Aufl. München 2009

[Sch10]   Schuckel, M.: Optimierung der Beschaffung durch vertikale Kooperation: Zur Relevanz des Bullwhip-Effekts aus der Perspektive des Einzelhandels. In: Fröhlich, L./Lingor, T. (Hrsg.), Gibt es die optimale Einkaufsorganisation? Organisatorischer Wandel und pragmatische Methoden zur Effizienzsteigerung, Wiesbaden 2010, S. 147–166

[She10]   Sheffi, Y. Logistics intensive clusters. Època, 20 (2010) 1-2, S. 11–17

[Squ09]   Squire, B./Cousins, P. D./ Brown, S.: Cooperation and Knowledge Transfer within Buyer–Supplier Relationships: The Moderating Properties of Trust, Relationship Duration and Supplier Performance. British Journal of Management, 20 (2009), 461–477

[Sti97]   Stieglitz, A.: Normung. In: Bloech, J./Ihde, G. B. (Hrsg.):, Vahlens großes Logistiklexikon. München 1997

[Stö04]   Stölzle, W./Karrer, M.: Finanzielle Performance von Logistikkooperationen: Anforderungen und Messkonzepte. In: Pfohl, H. C. (Hrsg.): Erfolgsfaktor Kooperation in der Logistik: Outsourcing, Beziehungsmanagement, finanzielle Performance. Berlin 2004, S. 167–194

[Syd92]   Sydow, J.: Strategische Netzwerke: Evolution und Organisation. Wiesbaden 1992

[Tel03]   Teller, C./Kotzab, H.: Increasing Competitiveness in the Grocery Industry: Success Factors in Supply Chain Partnering. In: Seuring, S./Müller, M./Goldbach, M./Schneidewind, U. (Hrsg.): Strategy and Organization in Supply Chains. Heidelberg 2003, S. 149–164

[Vah07]   Vahrenkamp, R.: Logistik: Management und Strategien. 6. Aufl. München u.a. 2007.

[Web07]   Weber, J./Stölzle, W./Wallenburg, C. M./Hofmann, E. (2007): Einführung in das Management der Kontraktlogistik. In: Stölzle, W./Weber, J./Hofmann, E./Wallenburg, C.M. (Hrsg): Handbuch Kontraktlogistik: Management komplexer Logistikdienstleistungen. Weinheim 2007, S. 35–54.

[Wil90]   Williamson, O. E.: Die ökonomischen Institutionen des Kapitalismus: Unternehmen, Märkte, Kooperationen. Tübingen: Mohr 1990

[Wil91]   Williamson, O. E.: Comparative Economic Organization: Vergleichende ökonomi-
sche Organisationstheorie: Die Analyse diskreter Strukturalternativen. In: Ordelheide,
D.; Rudolph, B.; Büsselmann, E. (Hrsg.): Betriebswirtschaftslehre und ökonomische
Theorie. Stuttgart: Schäffer-Poeschel 1991

[Wil96]   Williamson, O. E.: Transaktionskostenökonomik. 2. Aufl. Hamburg 1996

[Wur94]   Wurche, S.: Strategische Kooperation: Theoretische Grundlagen und praktische Erfah-
rungen am Beispiel mittelständischer Pharmaunternehmen. Wiesbaden 1994.

Produkteinführungsplanung

4

Michael Mezger, Jörg Pirron, Michal Říha, Christian Rühl
und André Krysiak

4.1 Einleitung

Die zunehmende Internationalisierung und der daraus resultierende globale Footprint von Lieferanten-, Produktions- und Absatzstandorten führen zu komplexer werdenden Logistiknetzwerken. Die Planung der notwendigen logistischen Strukturen und Prozesse im Rahmen des Produktentstehungsprozesses gewinnt damit immer mehr Bedeutung. Logistik sollte im Produktentstehungsprozess keinesfalls nur ein reaktives Instrument darstellen. Um diese aktiv zu beeinflussen und Logistikkosten zu optimieren, sind logistische Planungsaspekte bereits während der Produktentwicklung zu berücksichtigen. Dabei bestehen hohe Abhängigkeiten, Zielkonflikte und Wirkzusammenhänge zu parallel laufenden Planungsaktivitäten und Problemstellungen der Produktentwicklung. Eine erfolgreiche Einbindung logistischer Planungsaktivitäten in den Produktentstehungsprozess erfordert ein Rahmenwerk, in welchem der Fachbereich Logistik sowohl in der Ablauf- als auch in der Aufbauorganisation des Produktentstehungsprozesses Berücksichtigung findet.

4.2 Produktentstehungsprozess

4.2.1 Anforderungen in der Produktentwicklung

Der Produktentstehungsprozess umfasst alle notwendigen Abläufe zur Entwicklung eines neuen Produktes von der ersten Idee bis zur Herstellung.

M. Mezger (✉) · J. Pirron · M. Říha · C. Rühl · A. Krysiak
Protema Unternehmensberatung GmbH, Julius-Hölder-Straße 40, 70597 Stuttgart, Deutschland
e-mail: mezger@protema.de; pirron@protema.de; riha@protema.de; ruehl@protema.de;
krysiak@protema.de

© Springer-Verlag GmbH Deutschland, ein Teil von Springer Nature 2018
K. Furmans, C. Kilger (Hrsg.), *Gestaltung der Struktur von Logistiksystemen*,
Fachwissen Logistik, https://doi.org/10.1007/978-3-662-57945-9_4

Der klassische Produktentstehungsprozess als sequentieller Prozess ist durch ein aufeinanderfolgendes Abarbeiten der einzelnen Planungsaufgaben charakterisiert. Dabei erfolgt die Produktentwicklung unabhängig von der späteren Planung der Logistik- oder Produktionsplanung. Diese Art der Produktentwicklung war in der Vergangenheit ausreichend und Unternehmen und deren Produkte konnten den Anforderungen des Marktes entsprechen [And05]. Veränderungen auf Kunden- und Produktseite haben jedoch neue Anforderungen an eine Produktentwicklung hervorgerufen, welchen ein sequentieller Prozess und die daraus resultierende zeitliche Abfolge der Planungsaufgaben nicht genügen.

Während des Produktentstehungsprozesses werden die einzelnen Produktlebensphasen (Entstehung, Serie, Nachserie) und die Lebenszykluskosten eines Produktes maßgeblich gestaltet und festgelegt. Das umfasst auch die während der Herstellung entstehenden Logistikkosten zur Versorgung der Produktion. Dabei stehen der Grad der Einflussnahme auf die Lebenszykluskosten eines Produktes und die Höhe anfallender Änderungskosten im Planungsprozess der Produktentstehung in gegenläufigem Verhältnis zueinander (Abb. 4.1).

Dem klassischen Produktentstehungsprozess wird heute oftmals Simultaneous Engineering vorgezogen. Dieser Ansatz trägt Faktoren wie

- zunehmender Produktkomplexität,
- verkürzter Produktlebenszeiten,
- hoher Innovationsgeschwindigkeit und
- dem Grad der Einflussnahme im Zeitverlauf der Produktentstehung

Rechnung, da parallel zum Produkt auch die erforderlichen Prozesse und Ressourcen gestaltet werden.

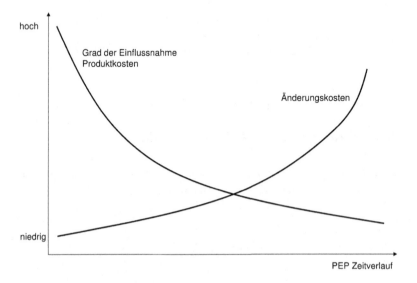

Abb. 4.1 Kostenbeeinflussung im Produktentstehungsprozess

Eine solche parallele Ausführung der Planungsaktivitäten stellt besondere Anforderungen hinsichtlich der Ablauf- und Aufbauorganisation des Produktentstehungsprozesses. Neben der Definition eines standardisierten Ablaufs der im Produktentstehungsprozess notwendigen Planungsschritte und Prozesse muss über eine geeignete Organisation die optimale Einbindung aller am Entstehungsprozess beteiligten Gewerke und notwendigen Fachbereiche gewährleistet werden. Damit erweisen sich das Schnittstellenmanagement und die optimale Integration der einzelnen Fachbereiche als strategische Erfolgsfaktoren bei der Entwicklung von neuen Produkten [Klu10].

Cooperative Engineering basiert auf externen Systempartnerschaften und der Abgabe von Entwicklungsverantwortung. Indem Lieferanten durch die Verlagerung von Produkt- und Prozessentwicklungsaufgaben aktiv in den Produktentstehungsprozess integriert werden, lässt sich deren Entwicklungskompetenz in Spezialgebieten effektiv nutzen und die Entwicklungszeit verringern (Abb. 4.2). Diese zeitlich befristete Einbindung erfordert ein klar definiertes Organisations- und Kooperationsmodell. Hierbei ist zwischen Entwicklungs- und Serienpartnern zu unterscheiden.

Neben der organisatorischen Einbindung aller Beteiligten ist ein funktionsübergreifender Entscheidungsmechanismus zu etablieren, der die Erreichung eines globalen Optimums gewährleistet. Hierzu wird ein produktbezogenes Leistungssystem installiert. In dieses finden unter anderem Wirtschaftlichkeitsaspekte in Form eines kostenorientierten Teilsystems Eingang. Eine funktionelle Unterteilung, zum Beispiel in ein logistisches Leistungssystems, ist ebenfalls gebräuchlich. Weitere Ausführungen hinsichtlich des Leistungssystems finden sich in Abschn. 4.4.

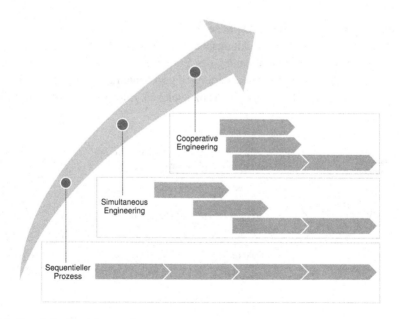

Abb. 4.2 Trends im Produktentstehungsprozess

4.2.2   Ablauforganisation im Produktentstehungsprozess

Der Ablauf des Produktentstehungsprozesses lässt sich, wie in Abb. 4.3 dargestellt, strukturieren, kann jedoch hinsichtlich der Inhalte und dem benötigten Zeitraum branchenspezifische Unterschiede aufweisen. Es ergeben sich vier Hauptphasen, welche in diesem Kapitel allgemein beschrieben werden. Auf die logistischen Planungsaufgaben innerhalb dieser vier Phasen wird in Abschn. 4.3 gesondert eingegangen.

Ideenphase und Strategiephase

Der Fokus in der Ideen- und Strategiephase liegt auf der Generierung neuer Produktideen. Hierbei werden sowohl markt- als auch innovationsgetriebene Produktideen erarbeitet und bewertet. In die Evaluation der Produktidee fließen bereits Bewertungen verschiedener Fachbereiche ein und es erfolgt eine erste Indikation der kostenorientierten Leistungsziele. Diese Phase endet mit der Entscheidung über die Initiierung eines Produktentwicklungsprojektes.

Konzeptphase

Der Start des Produktentwicklungsprojektes leitet die Konzeptphase ein. Für einen effizienten Produktentwicklungsprozess müssen die entsprechenden Projektressourcen verfügbar gemacht werden. In dieser Phase erfolgt die Grobplanung des Produktes und der zugehörigen Prozesse. Dabei werden die Anforderungen in Form eines Lastenheftes definiert und dokumentiert. Zudem erfolgt die Ableitung der kostenorientierten Leistungsziele des Gesamtprojektes. Den Abschluss bildet in der Regel das fertiggestellte Lastenheft.

Produkt- und Prozessentwicklungsphase

In der Produkt- und Prozessentwicklungsphase werden die Anforderungen des Lastenheftes als Grundlage für die Feinplanung des Produktes und der Prozesse verwendet. In diesem Zusammenhang sind Kostenbewertungen gegebenenfalls anzupassen und laufend mit den kostenorientierten Leistungszielen abzugleichen. Eine wesentliche Aufgabe dieser

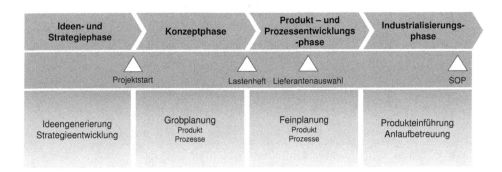

Abb. 4.3 Die Phasen des Produktentstehungsprozesses

Phase stellt die Lieferantenauswahl für Zukaufteile dar. Sie beeinflusst zahlreiche Fakultäten maßgeblich. Neben dem Einkauf zum Beispiel auch die Entwicklung im Zuge erster Erprobungen und Bemusterungen.

Industrialisierungsphase
Die Sicherstellung der Kundentauglichkeit leitet dann die Industrialisierungsphase ein. Hier erfolgen die Produkteinführung und die Anlaufbetreuung. Dabei werden neben der Bemusterung des neuen Produktes und der Kaufteile vor allem die Produktionsanlagen und Produktionsprozesse getestet. Die Entwicklungstätigkeiten sind in dieser Phase weitestgehend abgeschlossen und konzentrieren sich hauptsächlich auf noch notwendige Produktänderungen. Die Phase endet mit der Übergabe an die operative Produktbetreuung der einzelnen Fachbereiche nach der Markteinführung.

Ein standardisierter Ablauf des Produktentstehungsprozesses kann durch unternehmensspezifische Planungssystematiken gewährleistet werden. Gegebenenfalls ist hierbei eine Unterscheidung von Projektklassen notwendig. Der Projektfortschritt wird dabei in der Regel an definierten Meilensteinen, sogenannten Gates gemessen. Dabei wird im Rahmen des produktbezogenen Leistungssystems anhand definierter Kriterien sowohl die kostenorientierte Zielerreichung, als auch der Reifegrad des Produktes bewertet. Die Freigabe für die Folgephase erfolgt nach Erreichen der geforderten Ergebnisse [Sch14].

4.2.3   Aufbauorganisation im Produktentstehungsprozess

Wie bereits in Abschn. 4.2.1 beschrieben, stellt die Parallelisierung der Planungsaktivitäten im Produktentstehungsprozess besondere Anforderungen an die Organisation des Gesamtprozesses. Ein Simultaneous-Engineering-Team sollte im Kern aus Experten der Fachbereiche Entwicklung, Einkauf, Qualität, Logistik, Produktion und Vertrieb bestehen. Bei Projekten geringer Komplexität kann auch eine gezielte Weiterbildung von Vertretern eines Fachbereiches, um weitere relevante Themenbereiche angrenzender Fachbereiche, ausreichend sein (zum Beispiel Grundlagen der Verpackungsplanung für den Fachbereich Entwicklung). Abhängig von

- der Anzahl an Produktentwicklungsprojekten,
- der Komplexität der Projekte sowie
- der Größe der Projekte

eignen sich unterschiedliche Organisationsformen. Während Firmen mit unablässiger Produktentwicklung (zum Beispiel Automobilbranche) die Matrixorganisation wählen, bieten sich bei lediglich vereinzelten Produktentwicklungsprojekten temporäre Projektteams an. Generelle Anforderung ist die Bildung sogenannter multidisziplinärer Projektteams bestehend aus Vertretern aller notwendigen Fachbereiche und einem Projektmanagement.

Abb. 4.4 Ausschnitt
Matrixorganisation im
Produktentstehungsprozess

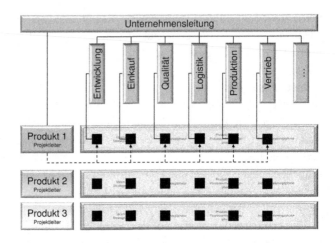

Abb. 4.4 veranschaulicht eine Matrixorganisation. Die Vertreter der Fakultäten sind disziplinarisch an die einzelnen Fachbereiche gebunden, gehören aber auch dem Entwicklungsprojekt an. Im Rahmen einer temporären Projektorganisation werden die Beteiligten für die Dauer des Projektes dem Projektentwicklungsteam zugeordnet und nach dem Ende des Projektes einer neuen Bestimmung zugeführt.

Bei einer Entwicklung von komplexen Produkten (zum Beispiel im Druckmaschinen- oder Automobilbau) kann das Gesamtprojekt und die Projektorganisation auf Basis sogenannter Funktionsgruppen (unterschiedliche Produktgruppen oder -module) zudem in Teilbereiche gegliedert werden.

4.3   Logistik im Produktentstehungsprozess

4.3.1   Integration der Logistik im Produktentstehungsprozess

Für die Etablierung einer gesamtoptimalen Lösung ist, wie bereits in Abschn. 4.2 beschrieben, eine Integration aller benötigten Fachbereiche in die Produktentwicklung notwendig. Dies betrifft unter anderem die Logistikplanung, die bereits mit Start des Produktentstehungsprozesses zu berücksichtigen ist, da wesentliche logistische Aspekte und Gestaltungsmöglichkeiten bereits am Anfang der Produktentstehung festgelegt werden.

Um die adäquate Einbindung der Logistik in den Produktentstehungsprozess sicherzustellen, wird im Folgenden ein Integrationsmodell vorgestellt. Abb. 4.5 illustriert das Modell. Es umreißt die Planungsaufgaben in Zusammenhang mit der Logistik in Abhängigkeit der Phasen des Produktentstehungsprozesses und verdeutlicht den Zusammenhang von Planungsaufgabe, Planungsergebnis und Leistungssystem.

Mit Blick auf die Logistik lassen sich die Planungsaufgaben im Produktentstehungsprozess wie folgt unterteilen:

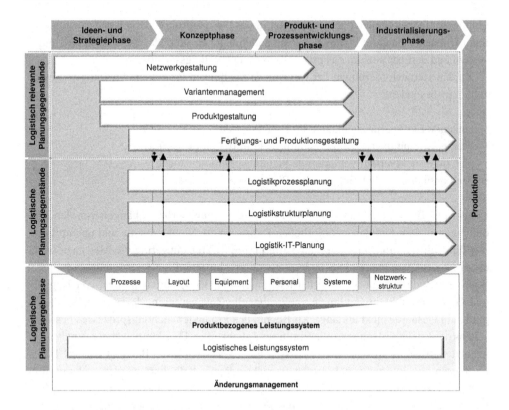

Abb. 4.5 Logistikintegration im Produktentstehungsprozess

- logistisch relevante Planungsgegenstände,
- logistische Planungsgegenstände und
- logistisch irrelevante Planungsgegenstände.

Logistisch relevante Planungsgegenstände umfassen diejenigen Planungen, die vorwiegend durch logistikfremde Bereiche, wie zum Beispiel Einkauf oder Entwicklung, getrieben und beeinflusst werden. Gleichzeitig haben sie wesentlichen Einfluss auf die Logistikplanung. Unter logistischen Planungsgegenständen sind die Planungsaufgaben subsumiert, für welche die Logistik hauptverantwortlich ist und die durch diese zu bearbeiten sind. Während diese beiden Planungsumfänge in den nachfolgenden Abschnitten betrachtet werden, wird im Falle der logistisch irrelevanten Planungsgegenstände davon abgesehen. Hierbei handelt es sich um Spezifikationen und Planungen, die im Rahmen des Produktentstehungsprozesses vorgenommen werden müssen, aber keinerlei Schnittpunkte zur Logistik aufweisen.

Während das Gesamtprojekt von einer frühzeitigen Unterstützung und Beratung der Logistik profitiert, kann Letztere hierbei auch Einfluss auf die Produktgestaltung und damit auf seine eigenen Planungsprämissen nehmen. Die Ergebnisse der logistischen

Planungsaufgaben fließen dann zum einen in das Gesamtprojekt zurück und beeinflussen unter Umständen andere Planungen. Zum anderen gehen sie in das logistische Leistungssystem und darüber auch in das produktbezogene Leistungssystem ein.

Zu den Herausforderungen der Logistik in komplexen Produktentwicklungsprojekten zählen insbesondere:

- sinkende Einflussmöglichkeiten im Projektverlauf,
- geringer Kenntnisgrad zum Gesamtprojekt in frühen Projektphasen,
- sich im Projektverlauf verändernde Planungsprämissen sowie
- Zielkonflikte innerhalb logistischer Planungsgegenstände.

Logistische Einflussmöglichkeiten im Produktentstehungsprozess hängen von den Produkteigenschafen und den erforderlichen Prozessen ab. Kleine, leichte und unempfindliche Teile mit einer lokalen Lieferantenstruktur implizieren ein geringeres Maß an notwendigen Logistikplanungen als beispielsweise korrosionsanfällige Sperrigteile und Global Sourcing. Zudem kann die erforderliche Intensität der Zusammenarbeit von Logistik und Gesamtproduktentwicklungsprojekt über die Zeit variieren, da sie vom Kenntnisgrad zum Gesamtprojekt abhängt. Zu Beginn des Produktentstehungsprozesses bestehen seitens der Logistikplanung große Einflussmöglichkeiten. Dies können aber oftmals nicht genutzt werden, da wesentliche Prämissen nicht vorliegen. Zum Beispiel können Transportkosten von alternativen Lieferanten nicht adäquat kalkuliert werden, solange notwendige Teileinformationen nicht verfügbar sind. Folglich kann es zu einer falschen Lieferantenauswahl kommen. Am Ende des Produktentwicklungsprojektes liegen hingegen Produkt- und Prozessinformationen hinreichend genau vor und die optimale logistische Planungsrichtung lässt sich ableiten. Allerdings kann diese eventuell nicht mehr oder nur durch einen hohen Grad an Änderungen an dem geplanten Produkt realisiert werden.

Dieser Zusammenhang wirft die Frage auf, wie dieser Diskrepanz begegnet werden soll. Insbesondere, wie in einer frühen Phase des Produktentstehungsprozesses ein Informationsstand generiert werden kann, der eine hinreichend genaue Logistikplanung ermöglicht.

Weitere Herausforderungen für die Logistik im Produktentstehungsprozess stellen unter anderem die Veränderlichkeit der Planungsprämissen im Zeitverlauf und Zielkonflikte innerhalb der logistischen Planungsgegenstände dar. Diese Themenfelder finden in den folgenden Abschnitten Berücksichtigung.

4.3.2   Aufgaben der Logistik im Produktentstehungsprozess

4.3.2.1 Logistisch relevante Planungsgegenstände in der Produktentwicklung

Wie bereits beschrieben, unterliegen die logistisch relevanten Planungsgegenstände innerhalb des Produktentstehungsprozesses der Führung verschiedener Fachbereiche. Die Ergebnisse dieser Planungen definieren jedoch in großem Maße den Gestaltungsbereich der Logistik bei der Planung notwendiger Strukturen und Prozesse für ein neues Produkt. Im Folgenden sollen die Inhalte der einzelnen Planungsprozesse und deren Logistikrelevanz kurz erläutert werden.

Netzwerkgestaltung

Die Planungsaktivitäten im Produktentstehungsprozess innerhalb der Netzwerkgestaltung sind geprägt durch strategische Fragestellungen. Hier werden die generellen Prämissen der späteren Logistiknetzwerkstruktur definiert. Trotz der immensen Bedeutung erfolgt in der Praxis oftmals keine gesamtheitliche Planung. Vielmehr ergibt sich die Netzwerkstruktur durch Teilaktivitäten einzelner Fachbereiche (zum Beispiel Lieferantenauswahl durch den Einkauf, geografische Absatzplanung durch den Vertrieb). Gerade hier sollte die Logistik als Bindeglied integriert werden, um eine gesamtkostenoptimale Entscheidung herbeizuführen.

Inhalte der Netzwerkgestaltung sind zum Beispiel:

- Bestimmung der Fertigungs- und Logistiktiefe,
- Wahl zukünftiger Produktions- und Logistikstandorte,
- Definition von produkt- und standortbezogenen Beschaffungsstrategien sowie
- Nominierung und Auswahl der Lieferanten für Beschaffungsobjekte.

Durch den strategischen Charakter dieser Aktivitäten liegt der Schwerpunkt der Ausführung in der Ideen- und Strategiephase des Projektes. Hier werden vor Start des eigentlichen Entwicklungsprojektes auch die grundlegenden logistischen Parameter für die spätere Planung definiert. Die Aufgabe der Logistikprozess- und Logistikstrukturplanung ist dann die Verknüpfung und Ausplanung der definierten Netzwerkstruktur.

Variantenmanagement

Ein hoher Individualisierungsgrad von Produkten und die marktgetriebene Entwicklung einer breiten Produktpalette mit der daraus resultierenden hohen Variantenvielfalt stellen besondere Anforderungen an die Produktentwicklung. In Bezug auf die Logistik für ein neues Produkt steht die Variantenvielfalt in direktem Bezug zu logistischen Struktur- und Prozesskosten. Eine hohe Varianz kann dabei zu einem Anstieg an benötigter Lagerkapazität, benötigtem Transportvolumen oder einem erhöhten Flächenbedarf für die Bereitstellung und damit zu erhöhten Logistikstrukturkosten führen. Eine weitere Auswirkung einer großen Produktvarianz kann eine hohe Varianz der benötigten Transportbehälter und Ladungsträger sein. Daraus resultiert eine erhöhte Komplexität in den Lieferketten. Zielsetzung eines logistikorientierten Variantenmanagements ist somit die Reduktion der Variantenanzahl unter Berücksichtigung der, für den Markt oder die Funktionalität, notwendigen Produktvielfalt. Die Detaillierung und Festlegung der späteren Produktvarianten erfolgt in der Konzeptphase bei der Grobplanung des neuen Produktes. Durch eine Integration des Fachbereichs Logistik können die späteren Auswirkungen der angestrebten Varianz aus logistischer Sicht bewertet und gegebenenfalls notwendige Maßnahmen eingeleitet werden. Die funktionale und kostenseitige Bewertung der Zielvarianten erfolgt im produktbezogenen Leistungssystem des Projektes. Ein effizientes Variantenmanagement kann jedoch auch bereits vor Beginn der eigentlichen Produktentwicklung betrieben werden. Die Bildung von Plattformen oder Modulbaukästen bietet Möglichkeiten, die produktübergreifende Varianz bereits vorab einzuschränken und die Komplexität innerhalb der Logistikplanung zu reduzieren. Dabei werden durch eine Gleichteilestrategie die Grundvarianten für eine Plattform definiert, die dann in der Produktentwicklung ergänzt und detailliert werden können. Dies kann zu einem entscheidenden Vorteil im späteren Planungsverlauf und erheblichen Kosteneinsparungen führen. So vereinfacht zum Beispiel im Automobilbau eine durchgehende und fahrzeugübergreifende Modularisierung und Gleichteilestrategie die Planung der Versorgungsprozesse und kann zu erheblichen Kostenpotentialen in der Bereitstellung von Fahrzeugkomponenten führen.

Produktgestaltung
Bei der Produktgestaltung sind neben rein funktionellen Anforderungen auch solche aus Produktion, Service und Logistik zu berücksichtigen. Zielsetzung der logistikgerechten Produktgestaltung ist dabei eine frühe und aktive Einflussnahme des Fachbereichs Logistik. Die Produkte sollen dabei derart gestaltet werden, dass sie optimal transportiert, verpackt und gelagert werden können. Grundregeln einer logistikgerechten Produktgestaltung sind zum Beispiel:

- Reduzierung der Sperrigkeit von Bauteilen,
- Reduzierung des Bauteilgewichts,
- Vermeidung von empfindlichen Oberflächen,
- Vermeidung spezieller Anforderungen an die Transportlage,
- Vermeidung spezieller Anforderungen an die Bereitstellungsart oder Teileentnahme,
- Beachtung von Ladungsträger-Standardgrößen in Bezug auf die Bauteilgeometrie.

Eine Berücksichtigung von Ladungsträger-Standardgrößen bei der Produktgestaltung kann zum Beispiel die spätere Packdichte beim Transport erhöhen und damit zu erheblichen Transportkostenreduzierungen und Lagerkosteneinsparungen führen. Die logistischen Anforderungen müssen in Einklang mit Forderungen anderer Fachbereiche gebracht werden. Ein besonderer Fokus auf die Produktgestaltung sollte in der Ideen- und Strategiephase und in der Konzeptphase eines Projektes gesetzt werden. Bereits hier müssen die ersten Produktideen aus Sicht einer logistikgerechten Produktgestaltung und deren Auswirkung auf mögliche Logistikprozesse bewertet werden. Diese Bewertungen fließen in das produktbezogene Leistungssystem ein und definieren dann im Sinne einer gesamtwirtschaftlichen Entscheidung ein Rahmenwerk oder Restriktionen für die Gestaltung des neuen Produktes oder führen gegebenenfalls zu Änderungen oder Anpassungen in der Produktgestaltung. Die geringe Kenntnis des Produktes in den frühen Phasen des Produktentstehungsprozesses erschwert die Ableitung und Bewertung von Maßnahmen zur Verbesserung der logistikgerechten Produktgestaltung. Um den Informationsgrad hinsichtlich des neuen Produktes zu erhöhen beziehungsweise eine Planungsgrundlage zur Ableitung logistischer Anforderungen zu schaffen, sollte auf Vorgänger- oder Referenzprodukte zurückgegriffen werden. Eine weitere Möglichkeit ist die bereits für ein effizientes Variantenmanagement beschriebene Bildung von Plattformen oder Modulen für neue Produkte. Hierbei werden logistische Grundanforderungen für eine gesamte Plattform oder ein Modul definiert, bewertet und gegebenenfalls projektspezifisch erweitert.

Fertigungs- und Produktionsgestaltung
In der Fertigungs- und Produktionsgestaltung werden die späteren Produktionsprozesse, Produktionsmittel und Fertigungsanlagen definiert. Eine Festlegung auf bestimmte Fertigungsanlagen kann zu Anforderungen hinsichtlich der zu verwendenden Ladungsträger für die Belieferungsprozesse führen. Die Planung der Produktionsprozesse steht in direktem Bezug zur Planung der Versorgungs- und Bereitstellungsprozesse. Hierbei ist eine Balance der Anforderungen von Produktion und von Logistik zu finden. Kostenintensive Logistikprozesse wie zum Beispiel Kommissionierung, Sequenzierung oder gar Umpacken gilt es weitestgehend zu vermeiden.

4.3.2.2 Logistische Planungsgegenstände im Produktentstehungsprozess
Die logistischen Planungsaufgaben im Produktentstehungsprozess umfassen die originären Planungsgegenstände der Logistikplanung, die sich wie folgt strukturieren lassen:

* Logistikprozessplanung,
* Logistikstrukturplanung und
* Planung der Logistik-IT.

Der Umfang dieser drei Elemente erstreckt sich dabei auf die Beschaffungs-, die Produktions-, die Distributions- und die Entsorgungslogistik. Der Betrachtungsumfang beinhaltet damit die Anlieferung von Beschaffungsobjekten vom Lieferanten zum Produktionsstandort, die werksinternen Abläufe am Produktionsstandort und die Belieferung der Kunden mit den fertigen Produkten. Im Weiteren werden die drei Elemente und deren Planungsgegenstände kurz dargestellt.

Logistikprozessplanung
Die Planung und Implementierung aller notwendigen Logistikprozesse haben das Ziel, die reibungslose logistische Abwicklung entlang der Lieferkette zu gewährleisten. Mögliche Planungsaktivitäten im Rahmen der Logistikprozessplanung sind:

* Planung der Transportprozesse,
* Planung der Umschlagprozesse,
* Planung der Lagerprozesse,
* Planung der Versorgungs- und Bereitstellungsprozesse und
* Verpackungsplanung.

Hinsichtlich der Transportprozesse wird zwischen internem und externem Transport unterschieden. Es müssen unter anderem Transportmodus, -mittel und -frequenz festgelegt werden. Diese hängen wiederum direkt von Prämissen aus den logistikrelevanten Planungsgegenständen des Produktentwicklungsprozesses ab – beispielsweise von Lieferantenstandorten und Produktstückzahlen. Umschlagprozesse beinhalten zum Beispiel reine Crossdock-Operationen oder Umpackvorgänge. Lagerprozesse umfassen sowohl das Einlagern, das Bevorraten im engeren Sinn und das Auslagern beziehungsweise die Materialentnahme. Hier sind qualitative Anforderungen des Teiles beziehungsweise des Produktes (zum Beispiel Korrosionsschutz und Ausrichtung) zu berücksichtigen, die sich im Zuge der technischen Produktgestaltung ergeben. Die Planung der Versorgungsprozesse beinhaltet die Planung der Anlieferprozesse zur Produktionsversorgung mit benötigten Bauteilen. Hier erfolgen die Festlegung der Belieferungsform und die Planung der Bereitstellung am Verbauort. Mögliche Ausprägungen können Just-in-Time, Just-in-Sequence oder eine Belieferung mit mehrstufiger Lagerhaltung sein. Die Verpackungsplanung ist von den Teile-/Produkteigenschaften abhängig (unter anderem Geometrie und Gewicht). Sie ist für die gesamte logistische Abwicklung von besonderer Wichtigkeit, da sie sowohl Logistikprozesse als auch Logistikstrukturen (zum Beispiel Hebezeug oder Lagerflächen) beeinflusst.

Logistikstrukturplanung
Die Logistikstruktur bildet die Gesamtheit aller logistischen Elemente im Logistiknetzwerk. Dies können Lager- und Produktionsstätten, aber auch technisches Equipment (zum Beispiel Hebezeug, Ladungsträger, interne und externe Transportmittel) sein.

Das Rahmenwerk für die Logistikstrukturplanung wird in der Ideen- und Strategiephase im Rahmen der Netzwerkplanung definiert. Auf Basis der hier getroffenen Standortentscheidung finden dann zum Beispiel die Dimensionierung, die Flächenfestlegungen, die Ausgestaltung der Produktionsflächen und die Beschaffung von Transportmitteln oder technischem Equipment statt.

Planung der Logistik-IT
Logistische Informationstechnologie hat im Wesentlichen die Aufgabe, die informatorische Abwicklung der Materialflussobjekte zu gewährleisten. Weiterhin soll sie die Transparenz hinsichtlich der räumlichen und quantitativen Anordnung von Teilen oder Produkten sicherstellen.

Informationstechnologische Systeme sind in der Regel selten von einem Produktentwicklungsprozess betroffen. Dennoch sind Abhängigkeiten möglich, beispielweise wenn eine neue Stücklistenstruktur eine Anpassung der Auftragssteuerung bedingt. Ähnlich wie Standortentscheidungen werden IT-Systeme aber vor einem strategischen Hintergrund geplant.

4.3.2.3 Logistische Wirkzusammenhänge im Produktentstehungsprozess
Der Grundablauf der Logistikplanung für neue Produkte im Produktentstehungsprozess folgt einer rollierenden Planung. Auswirkungen der logistikrelevanten Planungsgegenstände und ein fortschreitender Produktreifegrad erfordern in allen Phasen des

Produktentwicklungsprozesses eine konstante Bewertung und gegebenenfalls Neuplanung von Logistikstruktur, -prozessen und -IT. Umgekehrt sollte die Logistik die aus der Planung gewonnen Erkenntnisse kontinuierlich in das Gesamtprojekt einsteuern um gegebenenfalls notwendige Anpassungen und daraus resultierende Potentiale zu erzielen.

Als Vorgehensweise für die Planung logistischer Prozesse und Strukturen hat sich das Line-Back-Prinzip bewährt. Die notwendigen Strukturen und Prozesse für interne und externe Materialflüsse werden ausgehend vom Verbrauchsort innerhalb einer retrograden Vorgehensweise Schritt für Schritt analysiert und geplant (Abb. 4.6).

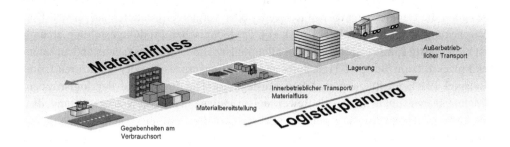

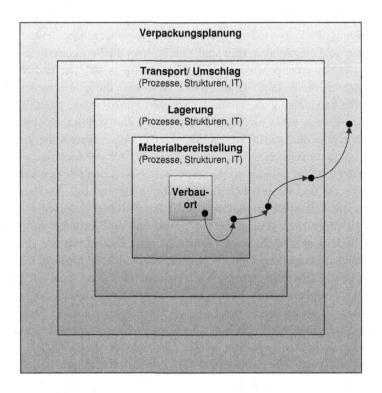

Abb. 4.6 Line-Back-Ansatz in der Logistikplanung

Ideen- und Strategiephase

In der Ideenphase sind logistikrelevante Planungsprämissen kaum vorhanden. Oftmals beschränken sich diese auf die Festlegung des zu bedienenden Marktes und der Jahresstückzahlen. Folglich gestaltet sich auch die Logistikstruktur- und Logistikprozessplanung als äußerst schwierig. Gleichzeitig wird in dieser Phase die wirtschaftliche Tragfähigkeit des Produktes geprüft und eine Entscheidung darüber getroffen, ob die Idee im Rahmen eines Projektes weiterverfolgt wird. Hierfür ist auch eine erste Indikation der logistischen Leistungsziele abzuleiten. Dabei kann ein Rückgriff auf planerische Ergebnisse eines etwaigen Vorgängerproduktes die Güte der Logistikplanung in dieser Phase signifikant erhöhen. So wird im Rahmen der Verpackungsplanung auf die Geometriedaten von Referenz- oder Vorgängerprodukten aufgesetzt. Die Verpackung hängt in aller Regel stark von der technischen Produktgestaltung ab und ist gleichzeitig Einflussgröße von fast allen logistischen Planungsgegenständen, seien es Prozesse (zum Beispiel Transport- und Handlingsprozesse) oder Strukturen (zum Beispiel Flächenfestlegung und Lagerauslegung). Die Ergebnisse der logistischen Planungsgegenstände fließen als Bewertungsgrundlage in die Netzwerkgestaltung, das Variantenmanagement, die Produktgestaltung und die Fertigungs- und Produktionsgestaltung ein.

Konzeptphase

In der Konzeptphase stehen im Rahmen der Grobplanung erste Daten des neuen Produktes zur Verfügung. Es konkretisieren sich Planungsgrundlagen. Über andere Prämissen wird gar schon final entschieden. Hier sind zum Beispiel die Fertigungstiefe und -standorte und die Definition der produktbezogenen Beschaffungsstrategien und Nominierung des Lieferantensets für Zukaufteile zu nennen. Besonders die letzten beiden Planungsaktivitäten offenbaren häufig Zielkonflikte zwischen Funktionsbereichen. Während der Einkauf beispielsweise einen niedrigen Teilepreis als Ziel verfolgt, möchte die Logistikplanung ihrerseits die Logistikkosten minimieren (unter anderem die Transportkosten). Damit ist aus logistischer Sicht in der Regel ein lokaler Lieferant vorzuziehen, wohingegen der Einkauf oftmals so genannte Best Cost Countries bevorzugt, was zu Überseetransporten und damit hohen Transportkosten führen kann. Als Entscheidungskriterium für die Festlegung produktbezogener Beschaffungsstrategien müssen daher gesamtheitlich alle Kosten entlang der Lieferkette und die Herstellkosten berücksichtigt werden. In der Konzeptphase wird oftmals mit einer Delta-Stückliste gearbeitet, das heißt die Stückliste eines Vorgänger- bzw. Referenzproduktes wird um Unterschiedsteile ergänzt bzw. Entfallteile gekürzt. Die Verpackungsplanung kann auf Basis erster 3D-Daten eine Neuplanung der Ladungsträger vornehmen. Dabei erfolgen zunächst eine Festlegung der zu verwendenden Ladungsträgerkategorie und die Erstellung eines ersten Ladungsträgerkonzeptes. Im Zuge der Konzeptphase werden das Produktlastenheft und die Komponentenlastenhefte erstellt. Das Komponentenlastenheft sollte dabei auch logistische Aspekte, wie zum Beispiel Vorgaben für die benötigte Belieferungsform oder Ladungsträgerinformationen beinhalten und bildet für die nominierten Lieferanten die Basis bei der Kalkulation entstehender Logistikkosten. Auf Basis der im Komponentenlastenheft beschriebenen Prämissen erfolgt eine Neubewertung der Logistikstruktur- und Logistikprozesskosten. Diese Bewertung fließt als neue Zielbildung in das Leistungssystem ein und dient auch zur Messung der Zielerreichung innerhalb der späteren Lieferantenauswahl.

Produkt-/ Prozessentwicklungsphase

Im Zuge der Produkt- und Prozessentwicklungsphase erfolgt die Feinplanung. Es stehen zum Beispiel genauere Information hinsichtlich der Fertigungs- und Produktionsgestaltung zur Verfügung, so dass Versorgungs- und Bereitstellungsprozesse detailliert geplant werden können. Insbesondere die Gegebenheiten am Verbrauchsort und die Variantenanzahl beeinflussen dabei die Logistikplanung maßgeblich. Während ein geringes Platzangebot für die Materialbereitstellung am Verbrauchsort naturgemäß eine Herausforderung für die Logistikplanung darstellt, wird dieser Umstand durch eine hohe Anzahl an Varianten weiter verschärft. Oftmals bleibt in solchen Fällen nur der Weg einer produktionssynchronen Beschaffung in Sequenz mit entsprechenden Implikationen für die prozessuale Abwicklung und die Logistikkosten. Ein Wirkzusammenhang auf den möglichst früh im Produktentstehungsprozess hingewiesen werden sollte, um die Variantenanzahl auf ein notwendiges Maß zu beschränken beziehungsweise eine gesamtprozessoptimale Lösung zu entwickeln. Im Rahmen der endgültigen Lieferantenauswahl sollte eine Bewertung der lieferantenbezogenen Logistikkosten auf Basis der im Komponentenlastenheft definierten logistischen Aspekte stattfinden bevor eine gesamtheitliche Entscheidung getroffen wird. Über die in der Konzeptphase definierten Zielwerte kann die logistische Zielerreichung gemessen werden.

Industrialisierungsphase

Während der Produkteinführung und des Produktanlaufes in der Industrialisierungsphase nehmen die planerischen Aktivitäten der Logistik ab. Vielmehr kommt es in dieser Phase darauf an die geplanten Prozesse und Strukturen hinsichtlich ihrer Serientauglichkeit zu prüfen und gegebenenfalls notwendige Anpassungen vorzunehmen. Für die Prüfung der geplanten Prozesse und Strukturen sollten mehrere Testläufe durchgeführt werden. Dabei werden die späteren Serienprozesse der Produktion simuliert. Um ein möglichst seriennahes Testszenario zu gewährleisten müssen auch die logistischen Prozesse gemäß den geplanten Serienprozessen ablaufen. So sollte zum Beispiel die Produktionsbelieferung mit Beschaffungsobjekten bereits in den Serienladungsträgern stattfinden.

Weitere technische Änderungen am Produkt können in dieser Phase kritisch sein. Geringfügige Anpassungen des Produktes können beispielsweise dazu führen, dass die bereits beschafften Ladungsträger angepasst werden müssen und zusätzlich notwendige Investitionen zu erheblichen Zielabweichungen führen. Folglich sollten solche Änderungen soweit wie möglich vermieden werden oder müssen in jedem Fall gesamtheitlich im Leistungssystem und Änderungsmanagement bewertet werden.

4.4   Leistungsziele im Produktentstehungsprozess

4.4.1   Marktorientierte und unternehmensbezogene Zielsetzungen

Das produktbezogene Leistungssystem setzt sich aus produkt- und unternehmensbezogenen Zielsetzungen zusammen. Diese Ziele lassen sich in den drei Dimensionen Kosten,
Qualität und Zeit abbilden und werden auch als magisches Dreieck der Produktentwicklung bezeichnet [Sch12].

Die Zielsetzung der Qualität beschreibt dabei den notwendigen Reifegrad eines Produktes und seiner Komponenten und umfasst sowohl die Anforderungen hinsichtlich der
Reifegradentwicklung im Produktentstehungsprozess als auch die Qualitätsanforderungen
für das Produkt über den gesamten Produktlebenszyklus.

Die Zielsetzung der Zeit in der Produktentwicklung bezieht sich auf den benötigten
Zeitraum der Produktentstehung von der Idee bis zur Markteinführung. Dieser Zeitraum
wird auch als Time-to-Market bezeichnet. Die zeitliche Dimension beinhaltet damit das
strategische Unternehmensziel eines möglichst kurzen Produktentstehungsprozesses aber
auch die Einhaltung des definierten Zeitraums der Produktentwicklung und der definierten
Meilensteine.

Die Dimension der Kosten umfasst alle für den Produktentstehungsprozess benötigten
Mittel. Dies gilt sowohl für alle bei der Planung benötigten Ressourcen wie Personal,
Material und Maschinen als auch für die für das Produkt im Rahmen des Planungspro-
zesses festgelegten Lebenszykluskosten. Die Etablierung eines kostenorientierten Leistungssystems als Teil des produktbezogenen Leistungssystems ist zwingend erforderlich,
um den Fachbereichen die notwendige Durchsetzungskraft bei den in der Produktentwicklung anfallenden Entscheidungen zu geben. Die einzelnen Fachbereiche kalkulieren
innerhalb dieses Leistungssystems die anfallenden Kosten für das geplante Produkt und
die Prozesse. Auf dieser Basis findet dann zum einen die Bewertung der Zielerreichung in
den definierten Meilensteinen des Produktentstehungsprozesses statt. Zum anderen bietet
dieses Leistungssystem den einzelnen Fachbereichen die Möglichkeit ihre Interessen im
Produktentwicklungsprojekt zu vertreten. Ein möglicher Bewertungsmechanismus ist der
Total-Cost-of-Ownership-Ansatz (TCO-Ansatz). Dabei werden neben dem reinen Teilepreis relevanten Kosten in eine gesamtheitliche Betrachtung aufgenommen – darunter
auch die Logistikkosten.

Die drei beschriebenen Dimensionen stehen in höchster Abhängigkeit zueinander und
können nicht als isolierte Größen betrachtet und interpretiert werden. So steht zum Beispiel der Faktor Kosten in einer hohen Abhängigkeit zur benötigten Gesamtentwicklungs-
zeit eines neuen Produktes und dem daraus resultierenden Ressourcenbedarf.

Das produktbezogene Leistungssystem, mit den drei genannten Dimensionen lässt sich
zudem funktionell unterteilen. Somit ergeben sich Leistungsziele der einzelnen Fachbereiche – zum Beispiel das logistische Leistungssystem.

4.4.2 Logistisches Leistungssystem

Das logistische Leistungssystem umfasst logistikbezogene Teilziele des Produktes, die zusammen mit Teilzielen anderer Fakultäten wie beispielsweise Einkauf, Vertrieb und Entwicklung das gesamte produktbezogene Leistungssystem bilden. Auch hier spiegeln sich die Dimensionen Qualität, Zeit und Kosten wieder.

Hinsichtlich des Faktors Qualität ist der Zielbeitrag der Logistik,

- die richtige Ware,
- in der richtigen Menge,
- zur richtigen Zeit,
- am richtigen Ort und
- in der richtigen Qualität

bereitzustellen. Beim zeitlichen Aspekt der Logistikplanung ist der Fokus insbesondere auf produktionsnahe Bereiche zu legen. Während der außerbetriebliche Transport häufig fremdvergeben wird und, abgesehen von Dienstleistersuche und -auswahl, direkt zur Verfügung steht, ist bei innerbetrieblichen Abwicklungen auf Beschaffungszeiträume logistischer Betriebsmittel zu achten (zum Beispiel Lagereinrichtungen, Förderstrecken, Hebezeug).

Ein weiteres Ziel der Logistik ist es, die Waren zu den richtigen Kosten bereitzustellen. Um eine kontinuierliche Verfolgung der erwarteten Logistikkosten zu ermöglichen, ist ein kostenorientiertes logistisches Leistungssystem zu installieren. Dieses unterscheidet laufende Kosten und Investitionen. Sie stellen die monetäre Bewertung der logistischen Planungsergebnisse dar, das heißt sie sind darüber von den logistisch relevanten Planungsaktivitäten abhängig. Die laufenden Kosten werden unter anderem von den folgenden Logistikprozessen beeinflusst:

- Transportprozesse (innerbetrieblich und außerbetrieblich),
- Handlingprozesse,
- Lagerprozesse.

Investitionen fallen beispielsweise im Zusammenhang mit der Beschaffung dieser logistischen Strukturelemente an:

- Ladungsträger,
- Lagereinrichtung,
- Fördermittel.

Innerhalb des Produktentstehungsprozesses werden im kostenorientierten logistischen Leistungssystem verschiedene Phasen durchlaufen. Während anfänglich die erwarteten

Logistikkosten zum Zwecke der Entscheidungsfindung über die Initiierung eines Produktentwicklungsprojektes ermittelt werden, erfolgt auf Basis der konkretisierten erwarteten
Logistikkosten oftmals die kostenseitige Zielbildung für die Logistik. Hier sind auch
andere Formen der Zielableitung möglich (zum Beispiel Top-Down-Ansätze). Im weiteren Verlauf des Projektes werden zu den definierten Meilensteinen die Kostenwerte neu
kalkuliert. Innerhalb des kostenorientierten logistischen Leistungssystems wird somit die
Zielerreichung regelmäßig verifiziert. Eine plausible Ableitung erwarteter Logistikkosten zu Beginn des Projektes erfordert die Definition eines klaren Rahmenwerks für die
logistischen Planungsaktivitäten. So sind für die Logistikprozessplanung klare Standards
hinsichtlich möglicher Logistikprozesse festzulegen. Dies betrifft unter anderem mögliche
Transportmodi oder Belieferungsformen.

Zudem werden Logistikkosten oftmals vergabeorientiert ermittelt – für die Lieferantenauswahl und für die Plausibilisierung von Lieferantenangeboten. Bei der Auswahl
unter verschiedenen Lieferanten werden die anfallenden Logistikkosten bewertet und
mit den Kosten anderer Fachbereiche zu Gesamtkosten je Lieferant zusammengefasst.
Damit wird die systematische Lieferantenauswahl auf Basis der Total Cost of Ownership
ermöglicht. Die Plausibilisierung von Lieferantenangeboten seitens Logistik ist dann notwendig, wenn diese logistische Inhalte haben. Bietet ein Lieferant zum Beispiel mit dem
Incoterm DDP (Delivered Duty Paid) an, umfasst das Angebot alle Kosten logistischer
Abwicklung bis zum vereinbarten Lieferort – unter anderem Verpackungs- und Fracht-
kosten. Diese gilt es zu überprüfen, um entweder einen vorteilhaften Einkaufsabschluss
zu realisieren oder den Transport der Produkte/Teile selbst zu übernehmen, weil es wirtschaftlicher ist.

4.4.3 Änderungsmanagement

Für eine umfassende Bewertung und eine gesamtoptimale Entscheidungsfindung bedarf
es eines gesamtheitlichen Änderungsmanagements über den kompletten Produktlebenszyklus – und als Teil davon auch während des Produktentstehungsprozesses. Dabei fließen
die, auf Basis der in der Strategiephase definierten Prämissen abgeleiteten, kostenorientierten Leistungsziele der Fachbereiche in ein Änderungsmanagementsystem ein. Auf
dieser Basis erfolgt die kontinuierliche Bewertung der produktbezogenen Änderungsvorhaben. Jeder einzelne Fachbereich evaluiert dabei das Änderungsvorhaben und beurteilt
die Folgen – im Falle der Logistik auf geplante Logistikstrukturen, -prozesse und -IT. Der
Beschluss eines Änderungsvorhabens führt dann direkt zu einer Anpassung des kostenorientierten Leistungssystems.

Auch hier sind die Wirkzusammenhänge und Zielkonflikte einzelner Gewerke in der
Produkt- und Prozessentwicklung zu beachten. So können geplante Produktänderungen

zu drastischen Auswirkungen auf die Planungen und damit auch auf Kosten in anderen Fachbereichen führen. Hierfür ist im Rahmen des Änderungsmanagements auch ein klares Eskalationsmodell mit definierten Entscheidungskompetenzen zu installieren. Um den unterschiedlichen Phasen und den daraus resultierten Beteiligten auch im Rahmen des Änderungsmanagements gerecht zu werden, ist ebenfalls zwingend auf die Integration aller Beteiligten zu achten. So sind zum Beispiel nach der Festlegung von Lieferanten diese auch in das Änderungsmanagement miteinzubeziehen. Produktänderungsvorhaben müssen auch von ihnen hinsichtlich ihrer Auswirkung auf Prozesse, Strukturen, IT und daraus resultierenden Kostenveränderungen bewertet werden.

4.5 Zusammenfassung und Ausblick

Durch die maßgebliche Gestaltung und Festlegung der Lebenszykluskosten eines Produktes während der Produktentwicklung und steigenden Änderungskosten mit zunehmender Reife des Produktes, ist eine bereichsübergreifende Zusammenarbeit bereits zu einem frühen Stadium der Produktentwicklung essentiell. Wie bereits innerhalb des Artikels beschrieben, wirken bei der Produkteinführungsplanung verschiedene Fachbereiche mit und versuchen ihre Interessen zu vertreten. Dies macht eine gut koordinierte Zusammenarbeit und Kommunikation notwendig um beispielsweise logistische Anforderungen an die Produktgestaltung, sei es bezüglich der Verpackung oder der späteren Handhabung, in die frühe Produktentstehung einzubeziehen. Dazu sind Informationen und Daten möglichst jedem Projektteilnehmer zu jeder Zeit und stets aktualisiert zur Verfügung zu stellen. In diesem Zusammenhang fallen unweigerlich die Schlagworte „Virtuelles Engineering" und „Cloud Engineering". Dementsprechend und gemäß dem Trend der Digitalisierung und den Möglichkeiten hinsichtlich Datenspeicherung bietet sich auch innerhalb der Produkteinführungsplanung die Nutzung dieser Entwicklungen an.

In der Ausgestaltung dient das virtuelle Engineering der Vernetzung aller Projektbeteiligten, was Vorteile hinsichtlich der Abstimmung und Auswertung von Ergebnissen dient und eine bessere Kommunikation verschiedener Bereiche ermöglicht. Darüber hinaus können innerhalb des virtuellen Engineerings virtuelle Modelle und Prototypen erstellt und bewertet werden. Durch die Tatsache, dass all diese Schritte digital ablaufen, ist nicht nur ein zeitlicher Vorteil daraus zu ziehen, sondern gleichermaßen eine allgemeine Erleichterung hinsichtlich der Zusammenarbeit. Die verschiedenen involvierten Bereiche, wie beispielsweise Entwicklung, Produktion und Logistik profitieren von einer schnellen Informationsübermittlung und kürzeren Entscheidungswegen. Änderungen sind dadurch schnell zu kommunizieren und eventuelle Einwände zügig einzubinden.

Literatur

[And05]   Andreasen, M. M.: Concurrent Engineering – Effiziente Integration der Aufgaben im Entwicklungsprozess. In: Schäppi, B., Andreasen, M. M., Kirchgeorg, M., Rademacher, F.-J. (Hrsg.) Handbuch Produktentwicklung, S. 293–315. München/ Wien (2005)

[Klu10]   Klug, F.: Logistikmanagement in der Automobilindustrie. Grundlagen der Logistik im Automobilbau. Springer, Heidelberg/Dordrecht/London/New York (2010)

[Sch14]   Schulz, M.: Logistikintegrierte Produktentwicklung. Eine zukunftsorientierte Analyse am Beispiel der Automobilindustrie. Springer Gabler, Wiesbaden (2014)

[Sch12]   Schömann S. O.: Produktentwicklung in der Automobilindustrie. Managementkonzepte vor dem Hintergrund gewandelter Herausforderungen. In: Ringlstetter M. J. (Hrsg.) Schriften zur Unternehmensentwicklung. Gabler Research, Wiesbaden (2012)

Gestaltung der Logistikorganisation

5

Thorsten Klaas-Wissing

5.1 Organisation der Logistik und Logistikorganisation

Die situationsgerechte Gestaltung von Güterflusssystemen, d. h. von güter- und informationsflussbezogenen Strukturen und Prozessen stellt seit jeher ein zentrales Anliegen der betriebswirtschaftlichen Logistik dar. Traditionell wurden in der einschlägigen Literatur jedoch unter dem Schlagwort „Organisation der Logistik" i. d. R. Konzepte diskutiert, die sich insbesondere der aufbauorganisatorischen Gestaltung der Logistikfunktion und deren Verortung bzw. Verankerung im Organigramm eines Unternehmens, z. B. in Form einer spezialisierten Logistikabteilung bzw. eines Logistikbereiches, widmen. Vor dem Hintergrund der zunehmenden Bedeutung der Logistik in der Unternehmenspraxis und der damit einhergehenden Bedeutungserweiterung des allgemein in der Wissenschaft akzeptierten Logistikbegriffs, zeigen hier allerdings ganzheitlich ausgerichtete Ansätze zur Organisation logistischer Systeme auf, dass dieser traditionelle Gestaltungsfokus zu kurz greift. Um aus Sicht des erweiterten Logistikverständnisses die Wettbewerbsfähigkeit von Unternehmen bzw. komplexen Wertschöpfungsketten und -netzwerken zu steigern, sind umfassendere, ganzheitliche Organisationskonzepte notwendig. Solche ganzheitlichen Konzepte zur Logistikorganisation gehen dabei über die formal- bzw. aufbauorganisatorische Perspektive hinaus und berücksichtigen vor dem Hintergrund spezifischer situativer Kontextfaktoren zusätzlich Logistikprozesse und die logistische (physische und geographische dislozierte) Infrastruktur als wichtige Bezugspunkte für die organisatorische Gestaltung

T. Klaas-Wissing (✉)
Migros-Genossenschafts-Bund, MES – Migros Engineering Solutions,
Limmatstrasse 152, CH-8031 Zürich, Schweiz
e-mail: thorsten.klaas@unisg.ch

© Springer-Verlag GmbH Deutschland, ein Teil von Springer Nature 2018
K. Furmans, C. Kilger (Hrsg.), *Gestaltung der Struktur von Logistiksystemen*,
Fachwissen Logistik, https://doi.org/10.1007/978-3-662-57945-9_5

logistischer Systeme. Vor dem Hintergrund dieser erweiterten Perspektive zeigt sich, dass insbesondere harmonische Beziehungsmuster aus Struktur-, Prozess- und Kontextvariablen, die auch als Logistikkonfigurationen bezeichnet werden, die Basis für die Gestaltung einer effizienten Logistikorganisation bilden [Kla02].

5.2 Grundlegende Gestaltungskomponenten: Das logistische Organisationsproblem

Dem erweiterten Verständnis entsprechend wird Logistik als eine systemische Perspektive der Unternehmensführung verstanden, die die Planung, Organisation, Steuerung und Kontrolle von Güter- und Informationsflüssen innerhalb und zwischen Unternehmen auf der Basis spezifisch logistischer Prinzipien, wie Systemorientierung, Fluss- bzw. Prozessorientierung, Kundenorientierung und Totalkostendenken, umfasst [Del95; Klau02; Ess13]. Dabei bezieht die Logistik ihre Identität sowohl aus ihrem originären Kernbereich (Logistiksysteme) sowie dessen Gestaltung und Steuerung (Logistik-Management) als auch aus der Bedeutung der logistisch geprägten Denkweise (Logistik-Philosophie) für die Unternehmensführung insgesamt [Del95]. Gleichzeitig wird in der Organisationsforschung seit langem die Vielschichtigkeit realer Organisationsphänomene und eine daraus resultierende Perspektivenabhängigkeit von Konzepten zur Organisationsgestaltung betont [Mor06]. Es liegt somit nahe, das erweiterte Verständnis der Logistik als spezifische Perspektive der Unternehmensführung und damit Weltsicht als konzeptuelle Grundlage eines spezifischen logistischen Organisationsverständnisses heranzuziehen, um ganzheitlich angelegte Konzepte zur Gestaltung der Logistikorganisation zu entwickeln [Kla02]. Ein solches logistikorientiertes Gestaltungskonzept ist in der nachfolgenden Abb. 5.1 dargestellt.

Das logistische Organisationsproblem lässt sich in enger Anlehnung an die gängigen Auffassungen der Organisationsforschung in eine Struktur- und eine Prozesskomponente

Abb. 5.1 Gestaltungsebenen der Logistikorganisation [Kla02]

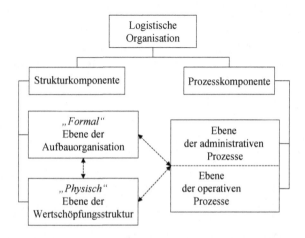

unterteilen. Die Strukturkomponente wird traditionell allein durch die formale Aufbauorganisation beschrieben [Fre05; Schr95; Schr16]. Aus Sicht der Logistik spielen jedoch darüber hinaus die physischen Wertschöpfungsstrukturen eine wesensbestimmende Rolle in der Organisationsgestaltung. Die Eigenschaften der physischen und geographisch verteilten Wertschöpfungsstruktur weisen einen hohen Stellenwert für die logistische Identität einer Organisation auf. Die Gestaltungsebenen der operativen und administrativen Prozesse erweitern den stabilen Betrachtungshorizont der Strukturkomponente um den dynamischen Zeitaspekt der logistischen Organisation. Dabei spannen die physische Wertschöpfungsstruktur einerseits wie auch die Aufbauorganisation andererseits den materiellen Rahmen für den raum-zeitlichen Erfüllungszusammenhang der operativen und Prozessabwicklung auf. Die Gestaltung der logistischen Aufbauorganisation, die Gestaltung der logistischen Infrastruktur und die Gestaltung der logistischen Prozesse bilden die interdependenten Teilprobleme des logistischen Organisationsproblems [Kla02].

5.2.1 Gestaltung der logistischen Aufbauorganisation

Unter dem Schlagwort „Organisation der Logistik" wird traditionell insbesondere die aufbauorganisatorische Gestaltung der Logistikfunktion, d. h. die institutionelle Verankerung der Logistik in der Unternehmensorganisation, verstanden [Ihd01; Pfo92]. Der Bezugspunkt dieser bis heute vorherrschenden Gestaltungsperspektive ist die formale Organisationsstruktur eines Unternehmens mit dem Ziel, logistische von nicht-logistischen Aufgaben abzugrenzen und organisatorisch in einem spezialisierten Funktionsbereich Logistik zusammenzufassen. Dies wird mit der zunehmenden Komplexität der logistischen Aufgabenerfüllung, der Realisierung von Synergiepotenzialen, der Nutzung von Spezialisierungsvorteilen sowie dem Abbau von organisationsbedingten Zielkonflikten und Kommunikationsbarrieren begründet [Fel80; Pfo80]. Ziel ist eine effizientere Abwicklung der güter- und informationsflussbezogenen (Logistik-) Aufgaben, als dies bei einer zersplitterten Wahrnehmung von Logistikaufgaben der Fall ist (Zentralisationsthese).

Grundsätzlich ist zwischen der Gestaltung der Außen- und der Innenstruktur der Logistikorganisation zu unterscheiden [Had95]. Die Gestaltung der Außenstruktur umfasst Entscheidungen darüber, ob und in welcher Form eine separate Organisationseinheit Logistik in der Aufbauorganisation eines Unternehmens verankert wird [Fel80]. Sie legt die formale Arbeitsteilung zwischen der Logistik und den übrigen Organisationssystemen fest. Zunächst ist hierzu der Funktionsumfang zu bestimmen, der einer Organisationseinheit Logistik zugewiesen wird. Das Spektrum der verschiedenen Strukturierungsalternativen reicht von der funktional fragmentierten Logistik (d. h. keine Einrichtung einer eigenständigen Organisationseinheit), der partiell integrierten Logistik (d. h. nur für bestimmte Logistikaufgaben zuständige Organisationseinheit) bis zu einer vollständigen Integration sämtlicher Logistikaufgaben in einen eigenständigen Zentralbereich.

Schließlich ist in Abhängigkeit der jeweiligen Form der Gesamtorganisationsstruktur zu bestimmen, auf welcher Hierarchieebene (z. B. Unternehmensführungs-, Divisions-/ Funktionalbereichs- oder Abteilungsebene) die Organisationseinheit Logistik eingeordnet wird, mit welchen Entscheidungsbefugnissen (z. B. Stäbe) diese auszustatten ist, und wie die organisatorischen Beziehungen zu anderen Organisationseinheiten (Weisung oder Beratung) ausgestaltet sind. Ausgehend von den idealen Strukturtypen der Funktionalen Organisation, Spartenorganisation und Matrix-Organisation können idealtypische Grundmodelle der logistischen Außenstruktur abgegrenzt werden. Die wichtigsten Alternativen sind in Abb. 5.2 verdeutlicht.

Bei der Gestaltung der Innenstruktur geht es um die aufbauorganisatorische Ausgestaltung der Organisationseinheit Logistik. In Abhängigkeit der insgesamt zugewiesenen Funktionsspektren und Entscheidungskompetenzen sowie der hierarchischen Verankerung ist nun zu bestimmen, wie die operativen und administrativen Logistikaufgaben auf Stellen, Abteilungen, Bereiche usw. verteilt werden. Die Innenstrukturierung erfolgt analog zu den allgemeinen Prinzipien, die der Außenstrukturierung zugrunde liegen, und kann somit die idealtypischen Ausprägungen einer Funktional-, Divisional- oder Matrixstruktur aufweisen. Abb. 5.3 zeigt hierzu Gestaltungsalternativen auf.

5.2.2   Gestaltung der logistischen Infrastruktur

Die Gestaltung der physischen Infrastruktur eines Wertschöpfungssystems gilt traditionell weniger als organisatorisches denn originär logistisches Problemfeld (Logistics Network Design [Bow96], Supply Chain Design [Aro00], Ressourcennetz-Konfiguration [Klau02], Network Configuration [Bal99]. Bei der logistischen Infrastrukturgestaltung geht es um die Festlegung der räumlichen, technischen und personellen Struktureigenschaften eines Logistiksystems (Art, und Anzahl der benötigten technischen Einrichtungen und personellen Ressourcen), z. B. Produktionsstätten, Lagerhäuser, Transportmittel, Handhabungsgeräte, Lager-, Umschlags- und Kommissioniereinrichtungen, Maschinen, Produktionsanlagen oder Informations- und Kommunikationssysteme – sowie die Dimensionierung technischer und personeller Kapazitäten. Des weiteren sind Entscheidungen über die räumlich zentrale oder dezentrale Anordnung der Einrichtungen sowie über die Stufigkeit der Güter- und Informationsflussrelationen im Logistiksystem zu treffen. Schließlich sind die logistischen Objekte (Rohstoffe, Zwischen- und Fertigprodukte) nach Art, Bestandsmengen und Kundenanforderungen den physischen Einrichtungen eines Logistiksystems (grob) zuzuordnen. Zusammengefasst betrifft die logistische Infrastrukturgestaltung alle Maßnahmen, die die Art, die Anzahl, die Kapazität sowie die generellen räumlichen Anordnungsbeziehungen der Knoten und Kanten in einem logistischen Netzwerk konstituieren und die stabilen räumlichen, technischen und personellen Struktureigenschaften eines Logistiksystems kennzeichnen [Kla02].

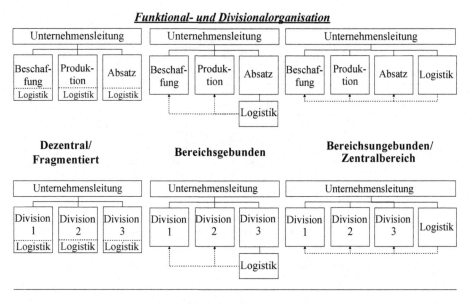

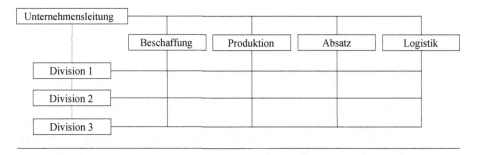

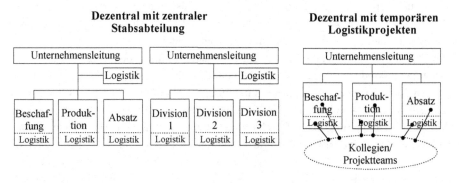

Abb. 5.2 Außenstrukturen der logistischen Aufbauorganisation. (In Anlehnung an [Had95])

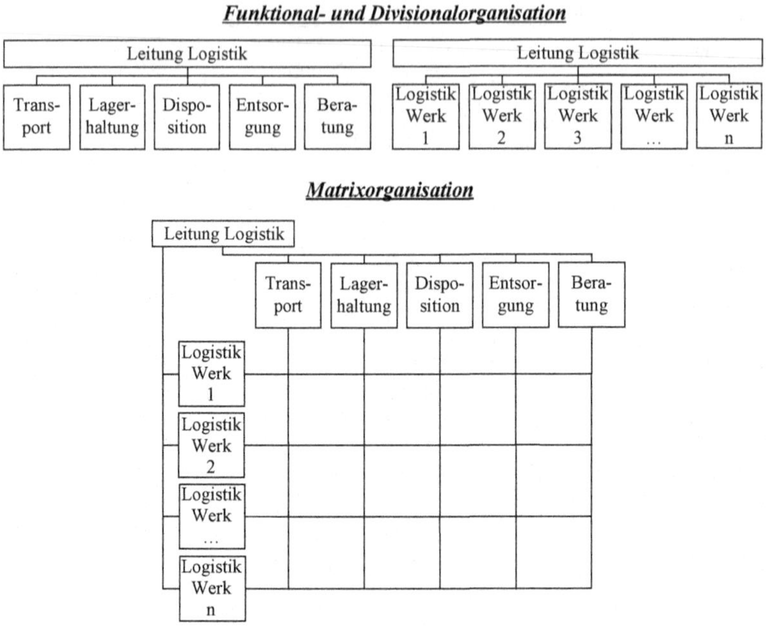

Funktional- und Divisionalorganisation

| Leitung Logistik | | | | | | Leitung Logistik | | | | |

| Trans-port | Lager-haltung | Dispo-sition | Entsor-gung | Bera-tung |

| Logistik Werk 1 | Logistik Werk 2 | Logistik Werk 3 | Logistik Werk ... | Logistik Werk n |

Matrixorganisation

Leitung Logistik

	Trans-port	Lager-haltung	Dispo-sition	Entsor-gung	Bera-tung
Logistik Werk 1					
Logistik Werk 2					
Logistik Werk ...					
Logistik Werk n					

Abb. 5.3 Innenstrukturen der logistischen Aufbauorganisation. (In Anlehung an [Had95])

5.2.3   Gestaltung der logistischen Prozesse

Im Zuge der Prozessgestaltung werden die dynamischen Eigenschaften der logistischen Organisation bestimmt, was in der klassischen Organisationslehre auch als Ablauforganisation bezeichnet wird. Diese Eigenschaften umfassen die operativen Ausführungs- und administrativen Führungsprozesse. Dabei bilden die logistischen Kernaktivitäten (des Transports, der Handhabung, der Auftragsabwicklung, des Umschlags, des Lagerns, und des Kommissionierens und Verpackens) die operative Basis für die Gestaltung der raum-zeitlichen Güter- und Informationsflussprozesse innerhalb und zwischen den infrastrukturellen Einrichtungen eines Logistiksystems. Diese Prozesse sind untrennbar miteinander verknüpft.

Die ablauforganisatorische Gestaltung der Logistik umfasst somit letztlich güter- und informationsflussinduzierte Aufgabenstellungen. Die güterflussinduzierte Gestaltung der operativen Kernprozesse betrifft die raum-zeitlichen Ablaufprozeduren des Transports, der Lagerhaltung, des Güterumschlags, der Handhabung, der Kommissionierung oder der Verpackung/Signierung in der Beschaffungs-, der Produktions- und der Distributionslogistik. Die informationsflussinduzierte Gestaltung umfasst Entscheidungen über die Beschaffung, die Aufbereitung, die Bereitstellung sowie den Übermittlungsmodus von Auftragsabwicklungsinformationen zwischen Bedarfs- und Lieferpunkten im Logistiksystem. Sie können ihren Ursprung direkt in Kundenaufträgen oder aber in prognosebasierten Planvorgaben einer zentralen Disposition haben.

Insgesamt resultiert hieraus ein dynamisches System von operativen logistischen Auftragszyklen [Del95a], die Ausgangspunkt für die Gestaltung der administrativen Logistikprozesse bilden. Diese lassen sich in strategische, abwicklungsvorbereitende und -begleitende sowie systemgestaltende Prozesse unterscheiden [End81; Weg93]. Die strategischen Führungsprozesse umfassen z. B. die Festlegung von Logistikzielen und -strategien sowie die Entwicklung der logistisch- organisatorischen Innen- und Außenbeziehungen. Die abwicklungsvorbereitenden und -begleitenden Führungsprozesse bestehen aus Planungs- und Steuerungsaufgaben, die direkt auf den Vollzug der Leistungserstellung ausgerichtet sind. Die systemgestaltenden Prozesse beinhalten die Analyse, Planung, Gestaltung und Einrichtung der logistischen Infrastruktur, der logistischen Auftragszyklen sowie der Planungs- und Steuerungsprozeduren [Gai07; Stri88].

Die drei zuvor dargestellten Gestaltungsfelder der Logistikorganisation entspringen einer konsequenten Anwendung der erweiterten Logistikperspektive auf das Organisationsphänomen. Die Gestaltung der Logistikorganisation bezieht sich dabei auf einen nach bestimmten Kriterien ausgegrenzten Abschnitt einer Wertschöpfungskette und muss sich dabei nicht zwangsläufig auf die Betrachtung eines einzelnen Unternehmens beschränken. Der organisatorische Gestaltungsfokus kann darüber hinaus, je nach Abgrenzung des Problemausschnitts und ganz im Sinne des modernen Supply-Chain-Management-Verständnisses [ESS13], auch die Logistiksysteme mehrerer Unternehmen in einer Lieferkette (Supply Chain) umfassen.

5.3 Logistikkonfigurationen

Die Notwendigkeit, den situativen Kontext bei der organisatorischen Gestaltung von Logistiksystemen zu berücksichtigen, wird in der einschlägigen Literatur einmütig betont [Drö98; Had95; Hof15; Pfo87]. Hierbei zeigt sich die Notwendigkeit zu einer ganzheitlich-konfigurativen Betrachtungsweise [Fis97; Hof15; Sha92; Schw95]. Die situative Organisationsforschung verweist in diesem Zusammenhang insbesondere auf den Konfigurationsansatz als umfassendste Forschungsströmung [Wol00; Min79; Sche98; Schr16]. Der Konfigurationsansatz setzt auf den Grundannahmen des situativen bzw. Kontingenzansatzes [Kie99] auf, kritisiert diesen allerdings insbesondere wegen seiner restriktiven Problemvereinfachung [Mey93; Wol00; Min79]. Vor dem Hintergrund dieser Kritik wird die analytisch-zerlegende Perspektive des situativen Ansatzes im Konfigurationsansatz um eine synthetische Sichtweise ergänzt. Eine konsistente Konfiguration zeichnet sich dabei durch harmonische Muster von aufeinander abgestimmten Gestaltungs- und Kontextvariablen aus [Sche98; Min79].

Mit seiner konzeptionellen Nähe zum systemischen Ansatz der Logistik ist der Konfigurationsansatz besonders geeignet, neue Anregungen für die Erforschung und Gestaltung der Logistikorganisationen zu geben. Auf seiner Grundlage lässt sich ein Orientierungsrahmen (Abb. 5.4) aus spezifisch logistischen Konfigurationen ableiten, die sich durch harmonische Muster von logistischen Kontextvariablen, physischen und formalen

Abb. 5.4 Konzept logistischer
Konfigurationen bzw. der
Logistikkonfiguration [Kla02;
Kla05a]

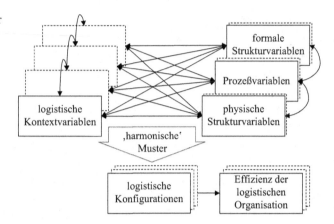

Strukturvariablen sowie Prozessvariablen auszeichnen. Dieser Orientierungsrahmen bildet die konzeptionelle Grundlage für die Entwicklung logistischer Konfigurationstypen bzw. Logistikkonfigurationen, die als theoretische Bezugsrahmen zur Erforschung der logistischen Organisation und als diagnostische Werkzeuge zur Gestaltung der Logistikorganisation eingesetzt werden können [Kla02; Kla04; Kla05; Kla05a].

Insgesamt setzt die Charakterisierung unterschiedlicher Logistikkonfigurationen an den Gestaltungsebenen der Logistikorganisation (logistisches Organisationsproblem) und an der Auswahl logistischer Gestaltungsvariablen, Kontextvariablen und Wirkungshypothesen an. Dabei spielen spezifische Mechanismen der Güterflusskoordination eine zentrale Rolle. Denn es ist gerade die Art und Weise der Prozessauslösung (Antizipativ oder Reaktiv) und -steuerung (Push oder Pull), die eine inhaltliche Verbindung zwischen den operativen und administrativen Prozessen der Logistikorganisation herstellen und damit einen wichtigen Erklärungsbeitrag zu den typischen Struktur- und Prozesseigenschaften der Logistikkonfigurationen leisten.

5.4 Typen von Logistikkonfigurationen als Grundlage zur ganzheitlichen Gestaltung der Logistikorganisation

Die situative Abhängigkeit der Logistikorganisation ist aus theoretischer Sicht offenkundig und auch die Gestaltungsbemühungen in der Praxis zeigen, dass die Anforderungen, die grundsätzlich an ein Logistiksystem gestellt werden, in Abhängigkeit von der jeweiligen Branche, der Wettbewerbsstrategie, der Position eines Unternehmens in der Wertschöpfungskette, der Nachfrage- und Produkteigenschaften usw., variieren [Chri00; Fis97; Hof15; Sha92]. Ein sinnvolles Vorgehen besteht darin, Logistikprofile zu erstellen, die die wichtigsten Einfluss- und Gestaltungsvariablen mit ihren Wirkungszusammenhängen in einer konkreten Situation identifizieren und die spezifischen, aus der Wettbewerbsstrategie eines einzelnen Unternehmens bzw. aus eines Unternehmensverbundes resultierenden Anforderungen an ein Logistiksystem definieren [Hof15; Kla04].

Ein Blick in die einschlägige Literatur zeigt allerdings, dass sich bisher noch kein allgemein akzeptierter Katalog von logistischen Gestaltungs- und Kontextvariablen herausgebildet hat. Dies ist auch nicht weiter verwunderlich, ist doch die Auswahl wie auch die Kategorisierung der als relevant erachteten Gestaltungs- und Kontextvariablen nicht objektiv vorgegeben sondern hängt zutiefst von der jeweiligen Gestaltungszielsetzung wie auch von der subjektiven Einschätzung des Gestalters ab.

Die nachfolgende Tab. 5.1 ist daher nicht als erschöpfender Katalog zu verstehen, sondern ist vielmehr ein erster Versuch, einen großen Teil der in der Literatur diskutierten Variablen zusammenzutragen, insbesondere im Hinblick darauf, dass zwischen ihnen spezifische Einflussbeziehungen unterstellt werden [Kla02]. Dabei orientiert sich die logische Gliederung der strukturellen und prozessualen Gestaltungsvariablen an dem zuvor dargelegten logistischen Organisationsproblem.

Solche logistischen Anforderungsprofile bilden idealerweise den Ausgangspunkt für die Ableitung der zur operativen Abwicklung notwendigen Prozess- und Struktureigenschaften der Logistikorganisation. Da sich jedoch die spezifischen Eigenschaften der Güter, der logistischen Leistungserstellung sowie der logistischen Service- bzw. Marktanforderungen zwangsläufig zwischen verschiedenen Wertschöpfungsketten einerseits und entlang derselben Wertschöpfungskette andererseits unterscheiden, ist hierbei grundsätzlich immer auch die Frage nach der horizontalen und vertikalen Reichweite des Logistikprofils und letztlich der Abgrenzung von Logistikkonfigurationen mit jeweils eigenständigen Anforderungen an die Logistik zu stellen [Del95a]. Letztlich entscheidet sich hierbei auch die Frage nach einem eher unternehmensbezogenen oder -übergreifenden Gestaltungsansatz.

Tab. 5.1 Logistische Gestaltungs- und Kontextvariablen [Kla05; Kla05a]

Kontextvariablen	Gestaltungsvariablen
Nachfrageeigenschaften, z. B.: • Nachfrageunsicherheit • Anforderungen an Lieferzeit- und -zuverlässigkeit • Nachfragemengen und -struktur • Geographische Nachfrageverteilung	Struktureigenschaften, z. B.: • Formale (De-)Zentralisation der Aufbauorganisation • Geographische (De-) Zentralisation der Infrastruktur Prozesseigenschaften, z. B.: • Organisatorische Koordinationsmechanismen (Standardisierung, gegenseitige Abstimmung, …)
Produkteigenschaften, z. B.: • Gewicht-Volumen-Verhältnis, Empfindlichkeit, Wert und Wertdichte • Individualität, Standardisierung und Modularität	• Push- vs. Pull-Logik zur Güterflusssteuerung • Aufschieben (Postponement) vs. Spekulieren (Speculation) von Aktivitäten (geographisch und value added)
Technikeigenschaften, z. B.: • Größenvorteile und Flexibilität • Technische Integration (z. B.. Software- oder Hardwarekompatibilität)	• Bündeln vs. Vereinzeln in Produktion und Transport

Die Entwicklung logistischer Anforderungsprofile ist eine komplexe und zutiefst situationsspezifische Aufgabe. Als erste komplexitätsmindernde Orientierung können hierbei generische Konfigurationstypen dienen, mit deren Hilfe sich, sozusagen als „organisatorische Vororientierung', solche logistischen Anforderungsprofile in der Praxis leichter entwickeln lassen. Die nachfolgende Tabelle differenziert in diesem Zusammenhang einerseits zwischen einer vorrangig kosten- bzw. flexibilitätsorientierten Logistik für funktionale resp. innovative Produkte und andererseits zwischen einer prognosegetriebenen Logistik für unveränderbare Standardprodukte und einer auftraggetriebenen Logistik für individuell oder modular gestaltbare Einzel- bzw. Systemprodukte. Aus der Kombination dieser grundlegenden, voneinander unabhängigen logistischen Strategiedimensionen ergeben sich die vier in der nachfolgenden Tab. 5.2 aufgeführten generischen Konfigurationstypen.

Die **straffe Logistikkonfiguration** verbindet die Eigenschaften einer antizipativen, prognosegetriebenen Logistik mit der Anforderung nach einer kostenorientierten Prozessabwicklung. Dies wird üblicherweise über die konsequente und umfassende Nutzung ökonomischer Größenvorteile bei der Herstellung, Handhabung, Lagerung und Distribution von standardisierten Massenprodukten realisiert. Hiermit sind in der Logistik üblicherweise die Gestaltungsoptionen einer Push-Güterflusssteuerung (d. h. von der Produktion zum Markt gerichtet), der Bündelung von Güterflüssen und der „Spekulation" verbunden. Voraussetzung für die ökonomische Vorteilhaftigkeit dieser Gestaltungsvariablen ist allerdings ein entsprechend stabiler Unternehmenskontext, der zuverlässige Bedarfsprognosen erlaubt. Die starke Bündelung der logistischen Güterströme zieht dabei zwangsläufig auch eine ausgeprägte Tendenz zur Zentralisierung der logistischen Infrastruktur nach sich. Der geographische Zentralisationsgrad wird jedoch durch eine für Massengüter typische, in der Regel ausgedehnte räumliche Verteilung der Nachfrage, die darüber hinaus eine unmittelbare Produktverfügbarkeit am Point of Sale einfordert, begrenzt. Insbesondere

Tab. 5.2 Generische Typen von Logistikkonfigurationen. (Modifiziert nach [Kla02])

	Kostenorientiert	Flexibilitätsorientiert
Prognosegetrieben	**Straffe Logistikkonfiguration** • Funktionale Standardprodukte • Antizipative Push-Steuerung • Strategie: Kostenführerschaft • Ziel: Bündelungsvorteile • Kontext: Stabil	**Agile Logistikkonfiguration** • Innovative Standardprodukte • Antizipative Pull-Steuerung • Strategie: Innovationsführer • Ziel: Hohe Verfügbarkeit • Kontext: Volatil
Auftraggetrieben	**Modulare Logistikkonfiguration** • Modular gestaltete Systemprodukte • Reaktive Pull-Steuerung • Strategie: Mass Customization • Ziel: Schnelle Reaktionsfähigkeit • Kontext: Komplex	**Individuelle Logistikkonfiguration** • Individuelle Einzelprodukte • Reaktive Push-Steuerung • Strategie: Differenzierung • Ziel: Kundenwunsch 100 % erfüllen • Kontext: Dynamisch

Hersteller so genannter „No Frill Products", z. B. aus der Konsum- und Massengüterindustrie, könnten sich somit diesen zwar kostenminimierenden, aber damit zugleich eher unflexiblen Konfigurationstypus zur Grundlage der Entwicklung ihres Logistikprofils machen.

Die Entscheidungen über die Abläufe in der straffen Logistikkonfiguration werden von einer zentralen Einheit getroffen, die Spezialisten zur Optimierung des Logistiksystems umfasst. Angesichts der stabilen Rahmenbedingungen können Entscheidungen auch in zentralen Einheiten getroffen werden. Die dezentralen Einheiten haben daher kaum Entscheidungshoheiten im Sinne der Systemgestaltung und sind als ausführende Einheiten den formalen, zentralen Vorgaben verpflichtet. Die straffe, auf Effizienz getrimmte Ausrichtung des Logistiksystems mit seinen zentralisierten Strukturen und formalisierten Prozessen zieht somit in der Aufbauorganisation ein entsprechendes Organisationsmuster nach sich, das als logistische Maschinenbürokratie bezeichnet werden kann. Diese Organisation ist darauf ausgerichtet, gleichsam wie bei einer Maschine, im Logistiksystem alle Räder effizient am Laufen zu halten. I. d. R. äußert sich dies in der Aufbauorganisation durch einen Zentralbereich Logistik mit ausgeprägter Weisungskompetenz gegenüber den dezentral ausführenden Einheiten auch – falls notwendig – bezüglich konkreter Entscheidungen in der operativen Abwicklung im Tagesgeschäft. Die Profileigenschaften der straffen Logistikkonfiguration sind in Tab. 5.3 zusammengefasst.

Tab. 5.3 Profil der straffen Logistikkonfiguration [Kla02]

Die straffe Logistikkonfiguration

Logistische Prozesse und Infrastruktur	Spekulation (Geographical Speculation, ggf. verbunden mit Manufacturing Speculation), Bündelung und eingeschränkte geographische Zentralisation
Formale Aufbaustruktur	Standardisierung von Aufgabenzielen durch Pläne/Standardisierung von Aufgabenerfüllungsprozessen durch Programme und Regeln
	Spezialisierung von Logistikaufgaben (Arbeitsteilung)/formalisiert/vertikale Entscheidungszentralisation
	Arbeitsteilig ausdifferenzierter logistischer Zentralbereich mit Linien- und Stabsabteilungen
	„logistische Maschinenbürokratie"
Logistischer Kontext	Prognostizierbarer, regelmäßiger und damit sicherer Güterbedarf
	Große Gesamtbedarfsmengen von funktionalen Standardprodukten mit relativ geringer Wertdichte bzw. niedriger Gewinnspanne
	Hohe räumliche Dichte des Güterbedarfs
	Sehr kurze Lieferzeiten/unmittelbare Produktverfügbarkeit
	Größenvorteile/Flexibilitätsnachteile der technischen Systeme
	Kostenführerschaft/Preiswettbewerb

Die **agile Logistikkonfiguration** stellt sozusagen den konfigurativen Gegenpol zur straffen Logistikkonfiguration dar, da es die Prognoseorientierung mit einer flexiblen Prozessabwicklung kombiniert. Dies wird insbesondere vor dem Hintergrund volatiler Kontextbedingungen erforderlich, mit denen z. B. Hersteller modisch aktueller oder technisch trendsetzender Konsumgüter täglich konfrontiert sind. Eine hohe Produktverfügbarkeit am Point of Sale ist für den dauerhaften, auf Innovationsführerschaft ausgerichteten Geschäftserfolg, im Sinne einer Abschöpfung kurzfristig hoher Preisbereitschaften, entscheidend. Daher steht bei der organisatorischen Gestaltung des Logistiksystems auch weniger eine strikte Kostenorientierung als vielmehr die schnelle Reaktionsfähigkeit (zeitliche Flexibilität) der operativen Prozesse im Vordergrund. Durch die lose Verkettung von auf Schnelligkeit getrimmten Güterflussprozessen auf Basis der Pull-Logik (d. h. vom Markt zur Produktion gerichtet) wird diese Flexibilität erreicht. Zudem gestattet gerade die konfigurative Verknüpfung von geographical speculation und manufacturing postponement, einzelne Teilprozesse der Produktion aufzusplitten (z. B. in die Bereiche Vorfertigung → Endmontage → Packaging → Labeling), die endgültige Fertigstellung der Produkte zeitlich gestaffelt aufzuschieben und damit Teile der finalen Fertigungsaktivitäten räumlich in die Strukturen und Prozesse der Güterdistribution zu integrieren. Mit anderen Worten, die agile Logistikkonfiguration kann mit Hilfe geographisch dezentral verteilter und damit möglichst marktnah agierender Einheiten auf die aktuellsten Nachfrageentwicklungen schnell und flexibel reagieren und eine hohe Produktverfügbarkeit gewährleisten.

Die aufgezeigten Kontext- und logischen Gestaltungseigenschaften deuten mit ihrer Dynamik darauf hin, dass die Kompetenzreichweite einer zentralen Logistik-Entscheidungsinstanz in der agilen Logistikkonfiguration zwangsläufig begrenzt ist. Vielfach liegen kritische Informationen nur kurzfristig, dezentral vor, weshalb auch Entscheidungen z. B. über Mengen und Destinationen zwangsläufig dezentral getroffen werden müssen, um die notwendige Flexibilität zu gewährleisten. Die Notwendigkeit, flexibel auf schnell ändernde Anforderungen zu reagieren und damit „agil" zu handeln macht es damit notwendig, wichtige Abwicklungsentscheidungen in der Organisation zu dezentralisieren. Zentralen Einheiten kommt dabei die Aufgabe zu, Rahmenbedingungen vorzugeben, die aber so breit geschnitten sein müssen, dass gewisse Entscheidungsspielräume für dezentrale Einheiten bewusst offen gelassen werden. Gegenüber der zentralen Vorgabe von Standards gewinnt damit die dezentrale Selbstabstimmung (gestützt auf zentrale Vorgaben) als Koordinationsmechanismus an Bedeutung, um die notwendige Flexibilität im Logistiksystem zu gewährleisten. Typischerweise findet sich der Logistikbereich hier als Stabsfunktion in der Aufbauorganisation wieder, der sich um technische und prozessuale Aufgaben kümmert, indem wichtige Prozess-Leitplanken gesetzt werden. Dieser Logistikbereich besitzt daher gestalterische Kompetenzen und Befugnisse, jedoch keine weitreichende Weisungsbefugnisse im Hinblick auf die konkrete Durchführung und Abwicklung operativer Aufgaben im Tagesgeschäft. Die Profileigenschaften der agilen Logistikkonfiguration sind in Tab. 5.4 zusammengefasst.

Tab. 5.4 Profil der agilen Logistikkonfiguration [Kla02]

Agile Logistikkonfiguration	
Logistische Prozesse und Infrastruktur	Geographical Speculation verbunden mit Manufacturing Postponement, Vereinzelung und geographische Dezentralisation
Formale Aufbaustruktur	Selbstabstimmung/gemäßigte Standardisierung von Aufgabenzielen durch Rahmenpläne
	Kaum horizontale und begrenzt vertikale Spezialisierung von Logistikaufgaben/gering formalisiert/vertikale und horizontale Entscheidungsdezentralisation von direkt abwicklungsbezogenen Führungsaufgaben
	Bereichsunabhängiger logistischer Zentralbereich als Stabsfunktion in der Technostruktur, bereichsabhängige Dezentralisierung von Logistikaufgaben in der mittleren Linie Verbindungseinrichtungen zur Unterstützung der Selbstabstimmung
Logistischer Kontext	Volatiler und unsicherer Güterbedarf, dynamische Bedarfsmengenstruktur
	Mittlere Gesamtbedarfsmengen von innovativen Produkten mit relativ hoher Wertdichte bzw. Gewinnspanne
	Sehr kurze Lieferzeiten/unmittelbare Produktverfügbarkeit
	Größennachteile/Flexibilitätsvorteile der technischen Systeme
	Differenzierung/Innovationswettbewerb

Mit der **individuellen Logistikkonfiguration** wechselt die Betrachtung von der prognose- zur reaktiven, auftragsorientierten Logistik. Die Auftragsorientierung kommt immer dann zur Anwendung, wenn kundenindividuelle Wünsche die Produkteigenschaften maßgeblich bestimmen. Semi-industriell bzw. handwerklich gefertigte Maßanzüge, Schuhe oder Möbel aber auch Spezialmaschinen und -werkzeuge sind nur einige wenige Beispiele für solche kundenspezifischen Einzelprodukte, die gar nicht bzw. nur in geringem Maße standardisiert sind. In der Regel bedürfen diese Produkte der intensiven Integration des jeweiligen Kunden und werden im Extremfall in der „Losgröße 1" hergestellt. Dass sich diese ausgeprägte Individualität der Produkte und die damit verbundene eher selektiv-sporadische Marktnachfrage natürlich auch in ganz spezifischen Anforderungen an die Logistik niederschlagen, liegt auf der Hand. Um die individuellen Wünsche an die Produkteigenschaften vollständig erfüllen zu können, bedürfen die Wertschöpfungsprozesse einer ausgeprägt qualitativen Flexibilität, nicht zuletzt auch im Hinblick auf eine kurzfristige Änderungsdynamik der Kundenwünsche. Hinzu tritt eine hohe Ungewissheit bezüglich der zukünftigen Nachfrage wie auch der gewünschten Produkteigenschaften, die eine Vorabproduktion von Komponenten grundsätzlich erschwert oder gar ausschließt. Somit werden die reaktive, auf der Push-Logik basierende Güterflusssteuerung sowie das manufacturing/distribution postponement zu den charakterisierenden Gestaltungsmerkmalen der individuellen Logistikkonfiguration. Mit anderen Worten, die Aufnahme aller Wertschöpfungsaktivitäten erfolgt sinnvollerweise erst nach Eingang eines klar spezifizierten Kundenauftrages. Die kleinen Auflagestückzahlen und die hohe qualitative Flexibilität lassen den Einsatz von großvolumigen logistischen Kapazitäten nicht zu, so wie die räumlichen Produktions- und Distributionsstrukturen – nachfrage- und produktbedingt – eine starke Tendenz zur Zentralisation aufweisen. Eine Orientierung an der Grundlogik der individuellen Logistikkonfiguration ist letztlich für solche Supply Chains interessant, die sich mit individualisierten Produktleistungen vom Wettbewerb z. T. mit hohem logistischen Aufwand differenzieren, die aber üblicherweise dafür im Gegenzug von Ihren treuen Kunden auch mit einer überdurchschnittlichen Wertschätzung belohnt werden. Diese Wertschätzung zeigt sich einerseits in dem Zugeständnis von Lieferzeiten („darauf warte ich gern") und andererseits in einer überdurchschnittlichen Preisbereitschaft („Individualität darf ruhig etwas mehr kosten").

Die geschilderten logistikrelevanten Kontextbedingungen wie auch die Ausprägungen der logistischen Gestaltungsvariablen machen den individuellen Projektcharakter der logistischen Abwicklung in der individuellen Logistikkonfiguration deutlich. Es können gewisse Rahmenvorgaben definiert werden, die konkreten Lösungen hängen aber immer von den jeweiligen Produkt- und Kundenanforderungen ab. Eine umfassende Standardisierung zur übergreifenden Realisierung von Kostenvorteilen ist nur sehr beschränkt möglich. Aus diesem Grund sind die Logistikaufgaben in der individuellen Logistikorganisation aufbauorganisatorisch stark dezentralisiert, um allen individuellen Anforderungen mit bedarfsgerechten Logistiklösungen gerecht werden zu können. Dies könnte z. B. je nach Größe des Unternehmens und Schwerpunkt der Geschäftstätigkeit in der Distributions-, der Produktions- und/oder in der Beschaffungslogistik der Fall sein. Wichtig ist jedoch, dass zwischen funktionalen Logistikverantwortlichen ein regelmäßiger Austausch ermöglicht wird, z. B. im Rahmen von Treffen aller Logistikverantwortlichen, um mögliche Synergiepotenziale in gegenseitiger Abstimmung zu realisieren. Die Profileigenschaften der individuellen Logistikkonfiguration sind in Tab. 5.5 zusammengefasst.

Die **modulare Logistikkonfiguration** baut auf der grundsätzlichen Überlegung auf, dass es wie zuvor bei der prognosegetriebenen Logistik auch in der auftraggetriebenen Logistik, die Möglichkeit zur strategischen Wahl zwischen Flexibilität und Kostenorientierung gibt. In der Literatur wird in diesem Zusammenhang häufig auch der Begriff des „Mass Customization" verwendet (vgl. z. B. [Pil05]). Die Strategie des Mass Customization zielt in ihrem Kern darauf ab, das klassische Dilemma zwischen individualisierter Einzelproduktion (hohe Flexibilität, hohe Stückkosten) und standardisierter Massenfertigung (geringe Flexibilität, niedrige Stückkosten) zu verringern. Als wichtige Stellhebel gelten dabei der Einsatz moderner, flexibler Produktionstechnologien in enger Verbindung mit modularen Erzeugnisstrukturen (Baukastensystem). Diese beiden Stellhebel erlauben es insgesamt, modular gestaltbare Systemprodukte kundenindividuell und in

Tab. 5.5 Profil der individuellen Logistikkonfiguration [Kla02]

Die individuelle Logistikkonfiguration	
Logistische Prozesse und Infrastruktur	Geographical Postponement verbunden mit Manufacturing Postponement, Vereinzelung und geographische Zentralisation
Formale Aufbaustruktur	Selbstabstimmung/gemäßigte Standardisierung von Aufgabenzielen durch partizipative Rahmenpläne
	Geringe Spezialisierung von Logistikaufgaben/gering formalisiert/vertikale und horizontale Entscheidungsdezentralisation
	Dezentralisierung von Logistikaufgaben
	Verbindungseinrichtungen zur Unterstützung der Selbstabstimmung
Logistischer Kontext	Unsicherer Güterbedarf,
	Niedrige Gesamtbedarfsmengen von individuell gestaltbaren Einzelprodukten mit hoher Wertdichte bzw. Gewinnspanne
	Geringe Bedarfsdichte und lange Lieferzeiten
	Größennachteile/Flexibilitätsvorteile der technischen Systeme
	Differenzierung

vergleichsweise großen Stückzahlen und damit wesentlich kostengünstiger bereitzustellen, als bei der reinen Einzelfertigung (siehe individuelle Logistikkonfiguration). Vor dem Hintergrund einer intelligenten modularen Erzeugnisstruktur kann der gesamte Wertschöpfungsprozess in standardisierte, kostengünstiger operierende Teilprozesse zerlegt werden, die jeweils auf die Herstellung eines begrenzten Sortiments an Bauteilen spezialisiert sind. Auf der Basis der modularen Erzeugnisstruktur kann der Kunde aus einer mehr oder weniger großen Zahl vorgegebener Wahloptionen das für ihn passende Produkt „individuell" zusammenstellen. Der Logistik kommt hierbei die zentrale Rolle zu, die aus den jeweils vorgegebenen Wahlmöglichkeiten resultierende Komplexität auf eine möglichst kostengünstige Art und Weise zu handhaben und eine schnelle Reaktionsfähigkeit sicherzustellen. Hierzu gehört im Wesentlichen die Ausnutzung von Bündelungsvorteilen im Rahmen einer begrenzten Vorabproduktion standardisierter Bauteile und deren räumlich zentraler Zwischenpufferung. Mit Hilfe einer reaktiven Pull-Steuerungslogik kann dann auf der Basis eng gekoppelter, selbststeuernder Regelkreise (z. B. Kanban) schnell und flexibel auf die Anforderungen konkreter Kundenaufträge reagiert werden. Die modulare Logistikkonfiguration ist letztlich für solche Unternehmen bzw. Unternehmensverbünde interessant, die sich mit kundenseitig anpassbaren Systemprodukten im Markt differenzieren, schnell auf Kundenaufträge reagieren müssen und dabei gleichzeitig nicht den Kostenaspekt aus den Augen verlieren dürfen, wie z. B. die Hersteller von Automobilen, hochwertigen Fahrrädern, Einbauküchen oder etwa von kundenindividuell angepassten Computersystemen.

Der modulare Konfigurationstyp ist organisatorisch anspruchsvoll, da hier Individua-lisierung und Standardisierung in der Prozesskette miteinander verknüpft werden. D. h. für die Organisation, dass zum einen zentrale Verantwortlichkeiten zur Standardisierung von Prozessen vorhanden sein müssen und zugleich dezentrale Entscheidungen zur fle-xiblen Anpassungen an volatile Bedarfsänderungen ermöglicht werden müssen. Inso-fern kümmern sich die Logistikexperten einer zentralen Logistikabteilung um die Ent-wicklung und Umsetzung von Standards, kümmern sich um IT- und Infrastrukturthemen und erarbeiten Rahmenvorgaben für die Planung von Komponenten. Die Logistiker der dezentralen Einheiten übernehmen die operative Abwicklung der Prozesse innerhalb der gegebenen Leitplanken, die aber genügen Entscheidungsspielraum für flexible Lösungen lassen. Im Hinblick auf die logistische Handhabung von Modulen und Komponenten ist es auch wichtig, dass die Logistiker ihre Kompetenzen bei der Produktentwicklung ein-fließen lassen können. Die Profileigenschaften der modularen Logistikkonfiguration sind in Tab. 5.6 zusammengefasst.

5.5 Fazit

Es liegt auf der Hand, dass diese hier in aller Kürze vorgestellten generischen Konfigu-rationstypen nur einen ersten Schritt markieren auf dem Weg zu einem ganzheitlichen Design unternehmensbezogener wie auch unternehmensübergreifender Supply Chains.

Tab. 5.6 Profil der modularen Logistikkonfiguration [Kla02]

Die modulare Logistikkonfiguration
Geographical Postponement verbunden mit Manufacturing Postponement, Bündelung und Geographische Zentralisation
Standardisierung von Aufgabenerfüllungsprozessen durch Programme und Regeln/regelbasierte Selbststeuerung
Vertikale Spezialisierung von Logistikaufgaben/formalisiert/vertikale Entscheidungszentralisation
Bereichsunabhängige Zentralisierung von logistischen Führungsaufgaben, bereichsabhängige Dezentralisation von operativen Logistikaufgaben
Verbindungseinrichtungen zur Unterstützung einer logistikorientierten Produktentwicklung
Hohe Bedarfsunsicherheit, dynamische Mengenstruktur
Mittlere bis hohe Gesamtbedarfsmengen von Systemprodukten mit hoher Wertdichte bzw. Gewinnspanne
Modularität des Erzeugniszusammenhangs
Mittlere Bedarfsdichte und mittelfristige Lieferzeiten
Größenvorteile/Flexibilitätsnachteile der technischen Systeme
Kostenführerschaft oder Differenzierung

Verschiedenste Spielarten, Mischformen und Ausprägungen sind grundsätzlich denkbar. Die Grundlage einer ganzheitlichen Logistikorganisation ist jedoch immer die konsequente Entwicklung eines logistischen Anforderungsprofils unter Berücksichtigung der infrastrukturellen, prozessualen und formalorganisatorischen Zusammenhänge der Logistik-Organisation auf der Basis einer klar kommunizierten Wettbewerbsstrategie. Dabei ist es auch nicht ausgeschlossen, dass vor dem Hintergrund diversifizierter Marktbearbeitungsstrategien auch unterschiedliche Konfigurationstypen in Kombination oder parallel zum Zuge kommen. Es zeigt sich dabei letztlich immer, dass Logistikorganisation mehr bedeutet als die Zuweisung formaler Verantwortung für das Bündel der Logistikaufgaben in einer Supply Chain.

Literatur

[Aro00]   Aronsson, Håkan: Three Perspectives on Supply Chain Design, Linköping, 2000.

[Bal99]   Ballou, Ronald H.: Business Logistics Management. Planning, Organizing, and Controlling the Supply Chain, Upper Saddle River / New Jersey, 1999.

[Bow96]   Bowersox, Donald J. / Closs, David J.: Logistical Management: The Integrated Supply Chain Process, New-York et al., 1996.

[Chri00] Christopher, Martin; Towill, Denis R. (2000): Don't Lean too Far – Distinguishing between the Lean and Agile Manufacturing Paradigms, in: MIM 2000 Conference, Aston 17-19 July 2000. Download unter WWW.agilesupplychain.org/downloads/assets/ Don,tLeanTooFar.pdf vom 26.02.2002, Aston, 2000.

[Del95]   Delfmann, Werner: Logistik, in: Handbuch Unternehmensführung. Konzepte – Instrumente – Schnittstellen, hrsg. v. Corsten, Hans; Reiß, Michael, Wiesbaden, 1995, S. 505–517.

[Del95a] Delfmann, Werner: Logistische Segmentierung. Ein modellanalytischer Ansatz zur Gestaltung logistischer Auftragszyklen, in: Dynamik und Risikofreude in der Unternehmensführung, hrsg. v. Albach, Horst; Delfmann, Werner, Wiesbaden, 1995, S. 171–202.

[Drö98]   Dröge, Cornelia; Germain, Richard: The Design of Logistics Organizations, in: The Logistics and Transportation Review, Vol. 43, No. 1, 1998, pp. 25–37.

[End81]   Endlicher, Alfred: Organisation der Logistik. Untersucht und dargestellt am Beispiel eines Unternehmens der chemischen Industrie mit Divisionalstruktur, Essen, 1981.

[Ess13]   Essig, Michael; Hofmann, Erik; Stölzle, Wolfgang: Supply Chain Management. München, 2013.

[Fel80]   Felsner, Jürgen: Kriterien zur Planung und Realisierung von Logistik-Konzeptionen in Industrieunternehmen, Bremen, 1980.

[Fis97]   Fisher, Marshall L.: What is the Right Supply Chain for Your Product? A simple framework can help you figure out the answer, in: Harvard Business Review, Vol. 75, No. 2, 1997, pp. 105–116.

[Fre05]   Frese, Erich: Grundlagen der Organisation. Konzept – Prinzipien – Strukturen. 9. Aufl., Wiesbaden, 2005.

[Gai07]   Gaitanides, Michael: Prozessorganisation. E Entwicklung, Ansätze und Programme des Managements von Geschäftsprozessen, München, 2007.

[Had95]   Hadamitzky, Michael C.: Analyse und Erfolgsbeurteilung logistischer Reorganisationen, Wiesbaden, 1995.

[Hof15]   Hofmann, Erik: Supply Chain Differenzierung: Wie Wertschöpfungsnetzwerke verschie-
            dene Kundensegmente bedienen können. Zeitschrift Führung und Organisation, 84 (1),
            2015, S 47–55.
[Ihd01]   Ihde, Gösta B.: Transport, Verkehr, Logistik: Gesamtwirtschaftliche Aspekte und einzel-
            wirtschaftliche Handhabung. 3. Aufl., München, 2001.
[Kie99]   Kieser, Alfred: Der Situative Ansatz, in: Organisationstheorien, 3. Aufl., hrsg. v. Kieser,
            Alfred, Stuttgart et al., 1999, S. 169–198.
[Kla02]   Klaas, Thorsten: Logistik-Organisation. Ein konfigurationstheoretischer Ansatz zur
            logistikorientierten Organisationsgestaltung, Wiesbaden, 2002.
[Kla04]   Klaas, Thorsten: Logistik ganzheitlich organisieren. In: Logistik Heute, Heft 1–2, 2004,
            S. 60–61.
[Kla05]   Klaas, Thorsten: Jenseits des Organigramms. Grundsätzliche Überlegungen zur ganzheit-
            lichen Gestaltung der Supply Chain. In: Logistik Management, 7. Jg, Nr. 3; S. 8–20.
[Kla05a]   Klaas, Thorsten; Delfmann Werner: Notes on the Study of Configurations in Logistics
            Research and Supply Chain Design. In: de Koster, R.; Delfmann, W. (Ed.) Supply Chain
            Management – European Perspectives, Copenhagen, 2005, pp. 11–36.
[Klau02]   Klaus, Peter: Die dritte Bedeutung der Logistik: Beiträge zur Evolution logistischen
            Denkens, Hamburg, 2002.
[Mey93]   Meyer, Alan D.; Tsui, Anne S.; Hinings, C.R. (1993): Configurational Approaches to
            Organizational Analysis, in: Academy of Management Journal, Special Research Forum,
            Vol. 36, No. 6, 1993, pp. 1175–1195.
[Min79]   Mintzberg, Henry: The Structuring of Organizations. A Synthesis of the Research, Eng-
            lewood Cliffs, 1979.
[Mor06]   Morgan, Gareth: Images of Organization, Updated Edition. Beverly Hills et al., 2006.
[Pfo80]   Pfohl, Hans-Christian: Aufbauorganisation der betriebswirtschaftlichen Logistik, in:
            Zeitschrift für Betriebswirtschaft (ZfB), 50. Jg., Nr. 11–12, 1980, S. 1201–1228.
[Pfo87]   Pfohl, Hans-Christian; Zöllner, Werner: Organization for Logistics: The Contingency
            Approach, in: International Journal of Physical Distribution and Materials Management,
            Vol. 17, No. 1, 1987, pp. 3–16.
[Pfo92]   Pfohl, Hans-Christian: Logistik, Organisation der, in: Handwörterbuch der Organisation,
            3. Aufl., hrsg. v. Frese, Erich, Stuttgart, 1992, Sp. 1255–1270.
[Pil05]   Piller, Frank Thomas: Mass Customization: Reflections on the State of the Concept,
            in: International Journal of Flexible Manufacturing Systems, Vol. 16, No 4, 2005, pp
            313–334.
[Sche98]   Scherer, Andreas Georg; Beyer, Rainer: Der Konfigurationsansatz im Strategischen
            Management – Rekonstruktion und Kritik, in: Die Betriebswirtschaft, 58. Jg., Nr. 3,
            1998, S. 332–347.
[Schr16]   Schreyögg, Georg; Geiger, Daniel: Organisation. Grundlagen moderner Organisations-
            gestaltung. Mit Fallstudien. 6. Auflage, Wiesbaden. 2016.
[Schr95]   Schreyögg, Georg: Umwelt, Technologie und Organisationsstruktur. Eine Analyse des
            kontingenztheoretischen Ansatzes. 3. nachgeführte Aufl., Bern et al., 1995.
[Schw95]   Schwegler, Georg: Logistische Innovationsfähigkeit. Konzept und organisatorische
            Grundlagen einer entwicklungsorientierten Logistik-Technologie, Wiesbaden, 1995.
[Sha92]   Shapiro, Roy D. (1992): Get Leverage from Logistics, in: Logistics. The Strategic Issues,
            hrsg. v. Christopher, Martin, London et al., 1992, pp. 49–62.

[Stri88]   Striening, Hans-Dieter: Prozeß-Management. Versuch eines integrierten Konzepts situa-
           tionsadäquater Gestaltung von Verwaltungsprozessen. Dargestellt am Beispiel in einem
           multinationalen Unternehmen – IBM Deutschland GmbH., Frankfurt a.M. et al., 1988.
[Weg93]   Wegner, Ulrich: Organisation der Logistik. Prozeß- und Strukturgestaltung mit neuer
           Informations- und Kommunikationstechnik, Berlin, 1993.
[Wol00]   Wolf, Joachim: Der Gestaltansatz in der Management- und Organisationslehre, Wiesba-
           den, 2000.

Stichwortverzeichnis

A
Ablauforganisation, 82
Aufbauorganisation, 77, 79, 81–82, 85, 87–88

D
Distributionsnetzwerk, 25–27, 31–32, 34
Distributionsstruktur, 22, 29

E
ECR, 41, 48, 51
Entscheidungskriterien, 1–4, 6, 10, 14

G
Güterfluss, 78

I
Informationsfluss, 78
Infrastruktur, 77, 79–80, 83, 85–87, 89, 91
Integration, 1–3

K
Koordination, 1–2, 6, 8, 10–14, 17, 19, 26–28, 33–37

L
Lieferantenintegration, 41–42, 49
Logistik, 77–80, 82–83, 85–90, 93
Logistik-Outsourcing, 42
Logistikintegration im Produktentstehungs-
    prozess, 63
Logistikkonfiguration, 84, 86–92

Logistikkooperation, 41–44, 47, 51–52
Logistikkosten, 6, 57–58, 70–74
Logistikorientierte Produktentwicklung, 57
Logistikplanung, 62–64, 66–71, 73
Logistikservice, 4, 7
Logistiktiefe, 1–16

M
Make-or-Buy, 3, 5–6, 8

N
Netzwerkgestaltung, 19, 28, 31–34
Netzwerkplanung, 28, 31–34
Netzwerksteuerung, 28, 32–34

O
Organisation, 77–80, 82, 84, 87–88, 92–93
Outsourcing, 1–3, 7, 11–12

P
Principal-Agent-Theorie, 11, 14
Produkteinführungsplanung, 57, 75
Produktentstehungsprozess, 57–62, 64–65, 67–68, 71–72
Prozesse, 79, 82–83, 87–89, 91–92

S
Standortplanung, 29

T
Transaktionskosten, 6, 10–14, 45–48

© Springer-Verlag GmbH Deutschland, ein Teil von Springer Nature 2018
K. Furmans, C. Kilger (Hrsg.), *Gestaltung der Struktur von Logistiksystemen*,
Fachwissen Logistik, https://doi.org/10.1007/978-3-662-57945-9

Printed in the United States
By Bookmasters